刘植义
刘一婷　编著
朱正歌

# 生命旋梯
# DNA 的故事

DNA

河北出版传媒集团
河北科学技术出版社

**图书在版编目（CIP）数据**

生命旋梯 DNA 的故事 / 刘植义，刘一婷，朱正歌编著
. — 石家庄：河北科学技术出版社，2012.11（2024.1 重印）
（青少年科学探索之旅）
ISBN 978-7-5375-5551-7

Ⅰ . ①生… Ⅱ . ①刘… ②刘… ③朱… Ⅲ . ①脱氧核糖
核酸—青年读物②脱氧核糖核酸—少年读物 Ⅳ . ① Q523-49

中国版本图书馆 CIP 数据核字 (2012) 第 274620 号

**生命旋梯 DNA 的故事**

刘植义　刘一婷　朱正歌　编著

| | | |
|---|---|---|
| **出版发行** | 河北出版传媒集团　　河北科学技术出版社 | |
| **地　　址** | 石家庄市友谊北大街 330 号（邮编：050061） | |
| **印　　刷** | 文畅阁印刷有限公司 | |
| **开　　本** | 700×1000　　1/16 | |
| **印　　张** | 12 | |
| **字　　数** | 130000 | |
| **版　　次** | 2013 年 1 月第 1 版 | |
| **印　　次** | 2024 年 1 月第 4 次印刷 | |
| **定　　价** | 36.00 元 | |

如发现印、装质量问题，影响阅读，请与印刷厂联系调换。

# 前　言

在我们已经迈进了21世纪的今天，人类已经"可上九天揽月，可下五洋捉鳖"；既可以打开原子探索更微观的世界，又能合成自然界从未有过的新材料；电脑的出现使我们"足不出户，便知天下事"……这些事实好像说明，我们人类的确不愧为"万物之灵"，好像只要有了人，什么奇迹都能创造出来。然而，在新技术焕发出的炫目光辉面前，我们人类对自身的认识又有多少呢？实际上，目前全球有20%～50%的人每天在忍受着疾病的折磨，许多"不治之症"严重地威胁着人类的生存，疾病不知使多少家庭陷于无尽的痛苦之中。现代科学研究证明，几乎所有的疾病都可能与基因有关，但人们苦于不能解读这些基因，只能"望病兴叹"！人类连自己都认识不了，又何谈去征服自然！科学家们面对这样的残酷现实，发出了源自人类心灵深处的呐喊：要充分认识生命，了解自身，保护自身，这是我们最神圣的使命。

科学家们研究发现，人类总共有5万～10万个基因，这些基因控制着人们的生老病死。人们只有弄清楚这些基因，破译人类的全部遗传密码，才能揭开人类生老病死的秘密。因此，一项关乎人类生存与发展的全球性大课题"人类基因组计划"就诞生了。亲爱的青少年朋友们，在本书中你们不但可以看到在分子水平上的神奇生命，了解现代生命科学的最新成果，而且更能从中体会到科学家们孜孜不倦的科学探索精神、严谨的科

学态度和科学的思维方法，为你们将来走进生命科学的殿堂、攀登新的科学高峰奠定基础。

刘植义

2012年10月于石家庄

# 目　录

## 五 基因工程创奇迹

## 六 破译人体密码的"天书"

## 解密生命后的喜与忧

# 一、生命科学的"阿波罗计划"

21世纪刚开始，一项震惊全球的科技新闻在人们中间广泛传播。2000年6月26日，参与人类基因组计划的美国、英国、日本、德国、法国和中国以不同的方式向全世界宣布："人类基因组工作草图已经绘制成功。"这是一项巨大的科学成就。美国前总统克林顿在白宫记者招待会上说基因组的绘制，是"人类迄今制作的最重要、最奇妙的图谱"。英国首相布莱尔说："这是21世纪首项技术胜利""这是一场医学革命。"中国当时的国家主席江泽民也发表讲话说："人类基因组计划是人类科学史上的伟大科学工程。它对于人类认识自身，推动生命科学、医学和医药产业等发展，具有极其重大的意义。"一时间，世界各地新闻媒体均用大量篇幅报道这一伟大的科学事件，并告诉人们：人类将进入平均寿命120岁的生命新时代。

一个人真的能活到120岁吗？什么是人类基因组计划？它为什么具有这么大的"魔力"？首先让我们看看这一破译"天书"的宏伟工程是怎样诞生的。

● 人类病魔的挑战

　　自古以来，人们就有一种愿望：健康长寿，长命百岁，期盼自己有一个幸福、快乐的一生。如今，人类已迈进了21世纪的大门。回首过去，目不暇接的新发现、新发明使人类文明不断取得新的业绩。伴随着电报、电话、电视、汽车、飞机的依次出现，人类进入了电子时代；计算机和网络的出现，把人类从工业经济社会带到信息经济社会。今天，我们可以登上神秘的月球，漫游九天探索；可潜入万米深海，到大洋探秘；可以分裂原子、拼接基因、克隆动物；能合成人间从未有过的纳米新材料；甚至创造人类的第二个太阳——可控核聚变，也变得不是那么遥远了。

　　然而，相对新技术焕发出炫目光辉，人类对自身的认识却显得有些苍白。目前全球20%~50%的人每天忍受着各种慢性病的折磨。我国有11%的人患有高血压，4.2%的人不同程度地残疾，2.5%的人智力低下。据联合国卫生组织1999年公布的资料，人类遗传病已达10 126种，遗传病已不是少见病了，它已对人类的健康造成严重的威胁和危害。曾肆虐一时的传染病，尽管有的已得到控制，可并没有像天花一样销声匿迹，相反在一些地方死灰复燃。而肺结核病目前又有广泛流行的趋势；流行性感冒一直肆虐人间，从第一次世界大战期间死于感冒的美国士兵身上分离到的病毒告诉我们：一不小心，它还可能毁掉我们几百万人的性命，因为人类对这种致命性的感冒病毒仍没有天生的免疫力。现在世界上流行的新传染病越来越多，像疯牛病传染的克雅氏病、埃博拉病毒引起的"出血热"、革登热等都是无法治愈的可怕的传染病。流行世界的"现代瘟疫"艾滋病更是使人"谈虎色变"，使人类深感忧虑。癌症、心血管病已成为当今人类最凶恶的杀手、人类驱除不掉的幽灵，它们一直高居人类死亡疾病的前列。癌症的阴影还未散去，"老年痴呆症"等老年病又让希望长寿者望而却步，30％70岁以上老年人，80％80岁以上老年人会得此病。这种老年病让多少快乐家庭陷于痛苦之中。现代科学研究证明，几乎所有疾病都可能从基因中找到答案，但目前苦于不能解读这些基因，科学家们只能望病兴叹。人类连自己都认识不清，又何谈去征服自然！科学家们面对这样残酷的现实，发出了源于人类心灵深处的呐喊：要充分认识生命，了解自身，保护自身，这是我们最神圣的使命。

根据科学家们的研究，人类总共有5万到10万个基因，正常情况下，这些基因控制着一个人的生老病死。人们都希望太太平平度过一生，但实际上在人的一生中，无法避免地要接触这样那样的有害物质，这些有害物质能够引起所谓的基因突变，

艾滋病真的就这么可怕吗

这样在临床上就表现为各种各样的疾病，如果这种突变了的基因传给下一代，就变成了遗传病。科学家们还发现，即使一般的传统性疾病也与基因突变有关。我们都有这样的经验，在相同的环境中流感病毒大爆发时，有的人会被传染得流行感冒，另外一些人则不会得感冒。易于被感染的人，就存在与正常人不同的易感基因。一个人是否长寿，也和基因有极大的关系，法国科学家就发现了人的长寿基因。他们研究了3万名长寿者，发现不少的研究对象体内有两种基因能帮助他们对抗致命的老年疾病，特别是心脏病和老年性痴呆症。带有这两种特定基因的人，长寿的机会比普通人高两倍。

既然我们知道决定人类生老病死的是基因，现在摆在我们面前的任务就是要弄清楚人类这5万到10万个基因的结构、位置以及它们都有一些什么样的突变形式，哪些疾病与哪些基因相关等等。于是科学家们便开始酝酿设计一项人类生命科学的"登月计划"——人类基因组计划。

● "蘑菇云"的震撼

在第二次世界大战快结束的时候，美国在日本的广岛和长崎两市各投掷了一颗原子弹。原子弹是一种杀伤力非常强的炸弹，它利用具有放射性的铀和钚等物质的原子核分裂所产生的能量进行杀伤和破坏。原子弹爆炸时能产生巨大的冲击波和光辐射的"蘑菇云"，对人类的危害极大。这次原子弹对广岛和长崎两市的轰炸，瞬间使两座美丽的城市变成了一片火海，尸体遍布，成为非常恐怖、惨烈的死城。这次轰炸不仅造成了数十万平民的死亡，而且使大量幸存者也遭到了大剂量的核辐射。这些幸存者并不幸福，他们在以后的年代里，不少人得了白血病和癌症，相继离开了人世；也有些人生出畸形胎儿或残疾儿，给家庭带来了悲惨的命运。原子弹爆炸的成功，虽然对日本帝国主义侵略者是一个沉重的打击，也是美国曼哈顿计划（制造原子弹的计划）的成就，但同时造成了数十万平民的死亡，实在是人类历史上的一场悲剧。由于核武器对人类的严重威胁，目前世界各国都坚决反对研制与使用核武器，以确保人类的和平与安全。

自第二次世界大战结束以后，为了研究辐射对人类的影响，美国国会责成原子能委员会，也就是现在的美国能源部的前身，开始了长达数十年的核辐射对人类基因突变作用的研究。

现在我们已经知道，人类的遗传物质是DNA（脱氧核糖核酸），它是由许多核苷酸组成的生物大分子。DNA是细胞核里染色体的主要成分，基因是染色体上有遗传功能的DNA片段。在核辐射的作用下，DNA的结构会受到破坏，因而造成基因的突变，因此核爆炸的幸存者往往出现病变，引发癌症或其他疾病。如果这些突变的基因传递给后代，代代相传不断延续，就会成为遗传病。然而，以上这些突变现象，美国能源部在日本进行多年的研究中却很少检测到。实际上，当时就没有能够检测到12000名核辐射受害者所生儿童的基因突变。根据估计，在当时的原子弹爆炸的平均辐射剂量下，受害者的基因突变率会增加30％左右。要检测出这样的突变率，需要分析这些受害

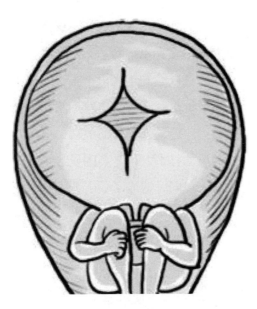

希望和平的人们谁也不愿再次看到这样的悲剧

者2000亿个碱基对的DNA序列，他们的后代也需要分析500亿个碱基对的DNA序列。按照当时的DNA分析技术是根本做不到的。难怪明明受害者已经表现出突变性状，却检测不出DNA结构的变化情况。

根据以上情况，1984年12月13日至19日，在美国犹他州首府附近的滑雪胜地阿尔塔召开了一个小型学术会议。与会者交流了自己在DNA结构分析方面的研究进展，并对在DNA水平上检测可遗传变异的方法和途径进行了讨论。当会议结束时，与会者达成了一个共识：解决这个问题的最好办法是对受害者及其后代的全基因组序列进行测定。所谓基因组，是指人类遗传物质基因的总和，它是由大约30亿个碱基对组成的，它们分布在细胞核内23对染色体上，全基因组序列测定实际上就是对这些受害人的DNA进行核苷酸排列顺序的分析。要解决这个问题，首先必须做出正常人类基因组的DNA全序列分析，然后以此为标准（或叫参考文本），再分析受害人及其后代基因组成DNA序列的差异情况，从而找出基因突变的原因。究竟该如何做，与会者们并没有深入地讨论，也不可能马上得出结论。但是这个测定人类全基因组序列的思想，却在与会者的脑海里埋下了种子，他们开始积极推动人类基因组计划的设想。因此，阿尔塔会议成为连接曼哈顿计划与人类基因组计划的自然纽带，从而为人类基因组计划的诞生奠定了基础，阿尔塔会议也因此在20世纪生物学研究史上拥有了自己的地位。

● 开启生命之门

1986年3月7日，著名的美国《科学》杂志上发表了一篇具有历史意义的文章《癌症研究的转折点——人类基因组的全序列分析》，这篇文章的作者是美国生物学家、诺贝尔奖金获得者杜伯克。杜伯克教授高屋建瓴地提出了继曼哈顿计划、阿波罗计划（人类登月计划）之后第三大科学计划：人类基因组计划（简称HGP）。他在这篇文章中首先论述了癌症研究的进展，指出癌症研究最重要的成果是使我们认识到，癌症及其他疾病的发生都直接或间接地与基因有关，现在我们不应再"东一榔头，西一棒槌"地按喜好去研究各自感兴趣的基因了，这样做只会事倍功半。我们应集中力量去解读整个人类基因组序列，描绘出人类自己的设计蓝图，这才是正确的道路。最后他写道："这一计划的意义，可以与征服宇宙的计划媲美，我们也应该以征服宇宙的气魄来进行这一计划。这样的工作是任何一个实验室也难以承担的，它应该成为国际性的项目，人类的DNA序列是人类真谛，这个世界上发生的一切事情，都与这一序列息息相关。"

这篇文章使世界各国的科学家眼睛一亮，茅塞顿开，它为生命科学及人类自身的研究指明了一条新的宽广大道。各个国家的科学家纷纷发表议论，争先恐后地登上这个国际性的舞台，表示愿意携起手来，齐心协力，共同演奏一曲最伟大的生命交响乐。

最早登上舞台的是美国。从1984年开始，经过较长时间的争论，甚至激烈的辩论，于1988年终于在美国能源部和美国国家卫生研究院率先成立了"人类基因组研究中心"，同时请冷泉港研究所的所长，也就是发现DNA双螺旋结构的沃森教授担任第一任中心主任。1990年美国国会批准了定名为"人类基因组计划"的研究方案，并于同年10月1日正式启动。这一计划的目标是从1990年开始，用15年的时间，投入30亿美元来测定人类基因组所有的DNA序列。鉴于人类基因组的研究是一个全球性的课题，需要国际间的合作，不久成立了一个机构——人类基因组织（HGO）。有许多国家如法国、英国、意大利、德国、丹麦、日本、中国等相继宣布开展基因组的研究，设

人类基因组计划将世界范围的科学家联系在一起

法筹集资金，组织科学力量，积极参加这一国际性研究组织，开始了"人体阿波罗计划"之旅。

人们把人类基因组计划与"阿波罗登月计划"相比，称为"人体阿波罗计划"。这是为什么呢？"阿波罗登月计划"的实施，耗资240亿美元，动员了3120所大学和2万家企业的力量，400万人参与，历时8年，终于把人类送上了月球，这是人类历史上的壮举，是人类走出地球去征服太空的史无前例的飞跃，曾在世界引起极大的轰动。将人类基因组计划与之相比，足以说明这一计划的规模之宏大、技术之复杂、时间之长久和对人类影响之深远。人们普遍认为，人类基因组计划对人类自身的影响，将远远超过当年针对月球的登月计划，它的影响将更深远。

## ● 无价之宝的"登月计划"

人类基因组计划是一项史无前例的浩大工程。人类基因组由23条染色体组成，共含$3 \times 10^9$个碱基对，要把这30亿个碱基对一个一个地识别鉴定出来，并且首尾相接，其长度相当于地球到太阳往返600多次。按照20世纪90年代中期的测序速度，每人每天大约可进行4000个碱基对的DNA测序，假如由1000个人每年工作365天，需要6年时间才能完成全部碱基对的测序。那么，知道了30亿个碱基对序列是否就大功告成了呢？这还差得远呢！还要将30亿个碱基对序列中包含的所有基因进行鉴定和定位，并绘制出人类基因组的图谱。有人比喻，如果把人类基

因组"工作草图"的信息打印出来，所需纸张将堆积成像160米高的华盛顿纪念碑；如果把人类基因组中所有信息全部打印出来，其篇幅相当于13套《大英百科全书》。可见，人类基因组计划工程之大，任务之艰巨，是史无前例的。

一个新生事物的出现，必然遭到一些人的反对。人类基因组计划也不例外，有许多人认为，人类基因组计划的雄心太大，规模太大，要花的钱太多，是否值得？他们提出了许多反对意见。有人说：用纳税人的30亿美元来搞庞大无比的基因组测序，是拿纳税人的钱开玩笑；到2005年完成这个计划是"吹牛"；自然科学要研究的问题多着呢，为什么先上这个计划？这笔钱花到别的地方也许更值得、更实际；这个计划目标过多，预算过大，得到的东西，只不过是"一张部件名单"；"制图"是沙漠里建公路，"测序"是把"垃圾"分类；即使搞基因组计划，也应先搞小的，如细菌、果蝇等，或搞经济意义大的，像小麦、猪、羊等。有人讥笑研究人的基因组是"泥足巨人"，并预测最终会像1975年开始的肿瘤计划一样"流产"。

关于是否开展人类基因组计划，最初在美国争论得很激烈，历时5年之久。上至政府高官，下至平民百姓，都参与了这场讨论。为说服政府和民众，科学家们做了大量工作，另外，美国政府也做了不少工作。美国政府没有自己的报纸、电台、电视台，因此只好印了很多浅显的小册子。如《人类基因组计划多大》、《了解我们的基因》等，说明人类基因组计划的必要性，为什么要花这么多钱？这钱花得值不值？讲得通俗易懂，活灵活现。如比喻人的基因组就像地球那么大，一个染色体就像一个国家那么大，一个基因就像我们住的楼房那么大；而搞清楚30亿对碱基，就好像搞清楚整个地球上的30亿人各姓什么，"制图"就像在高速公路上设置路标等等。

经过大量的宣传，人类基因组计划被民众接受了。有人说人类基因组计划是美国历史上规模最大、参与人数最多的

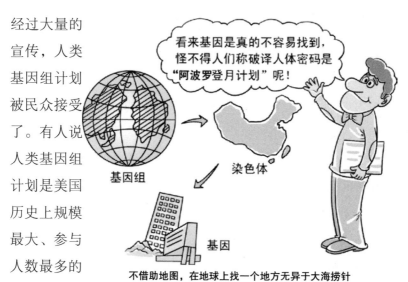

看来基因是真的不容易找到，怪不得人们称破译人体密码是"阿波罗登月计划"呢！

基因组

染色体

基因

不借助地图，在地球上找一个地方无异于大海捞针

一场有关基因的科学普及过程，也是最为成功的"游说"。

　　人类基因组计划的形成，曾几度彷徨，几度反复，但最后人类还是选择了它。这是为什么呢？

　　人类基因组计划具有重大科学的、经济的和社会的价值。这些价值难以用金钱来衡量。你看！该计划的实施将极大地促进生命科学领域一系列基础研究的发展，阐明基因是怎么组成的，它又是如何发挥作用的；细胞是怎样生长、分化和发育的，以及疾病是如何发生的等等。了解人体的全部基因，就为人类自身疾病的诊断和治疗提供了依据，为医药产业带来了翻天覆地的变化；人类基因组研究的成果，还能带动一批新兴技术产业；基因研究中发展起来的技术、数据库及生物学资源，还将推动农业和畜牧业（转基因动物）、能源、环境等相关产业的发展，改变人类社会生产、生活和环境的面貌。有些科学家预言，几十年后，随着信息经济时代的结束，人类将迎来的是生物经济时代。

正是由于人类基因组计划在科学上的巨大意义和商业上的巨大价值，使得私营的基因公司也参与到这一计划中来，因而使这一计划完成的预计时间大大提前。人类基因组计划之所以被称为生命科学的"登月计划"，其重要的意义在于使人类对浩瀚宇宙的了解更进一步，会产生一个质的飞跃。人类如何认知世界？如何宣泄情感？如何生老病死？人类能在世界上存在多长时间……回答这些问题的希望似乎就隐藏在即将破译的由A、T、G、C四种碱基写成的"天书"之中了。

自人类基因组计划执行以来，通过全世界科学家的共同努力，它已取得了巨大的进展。目前"人类基因组工作草图"已经完成，但这仅仅是一个开端，科学家们的任务远没有结束，人体DNA的全部序列不仅没有测完，接下来的工作还将是定位全部基因，研究有用基因的功能，破译人类相关基因信息。真正完成人类基因组计划任重而道远。但人们深信只要全世界的科学家同心协力，一定能再造辉煌，共同迎接一个新的科学春天，人类的春天。

● 可贵的"1%"

前面我们已经提到，2000年6月26日，是人类科学史上划时代的一天。这天，中国作为唯一的发展中国家，与美、英、日、德、法等国同时宣布：人类基因组计划"工作框架图"绘制完成。中国人将自己的名字自豪地镌刻在被誉为生命科学"登月计划"的史册上，为绘制这一生命蓝图做出了自己的贡献，完成了1%的测序任务。这标志着中国在基因组的研究上达到了国际先进水平。当时的国家主席江泽民发表讲话，对参与这项计划的中外科学家予以了高度评价。科技部等还为这项计划再次追加了研究经费。

那么，我国是如何参加这一个计划的呢？参与这个计划的研究又有什么意义呢？

我国是一个具有近13亿人口的大国，有56个不同的民族，丰富的人群遗传资源是人类基因组研究的宝贵材料。我国的人类基因组研究计划于1994年启动，由国家自然科学基金委员会、国家高新技术发展计划（863计划）和国家重点基础研究计划（973计划）联合资助。在过去的几年中，通过科学界的共同努力，组织了一支精干的科研队伍，建立了全国性的人类遗传资源网，引进和建立了一整套较完整的基因组研究体系，同时，也获得了一批重要的科学研究成果。随着科学研究的深入，我国人类基因组研究的规模和水平有了很大提高。在国家科技部和上海市、北京市政府的大力支持下，我国相继成立了国家人类基因组南方研究中心和北方研究中心。我国科学家于1999年9月被接纳为国际人类基因组织的成员，并由中国科学院基因信息学中心，国家人类基因组南、北方研究中心共同承担了全球人类基因组测序计划的1%，也就是承担测定人类第三号染色体短臂上的一段约3000万个碱基对的DNA序列。由于这段DNA序列约占人类整个基因组的1%，因此简称"1%项目"。

你可别小看了这"1%项目"，它不仅来之不易，而且项目测定的意义十分重大。

对于我国是否参与到国外早已开始的人类基因组测序工作

中，国内曾经历了10年的讨论。从我国的现实国情出发，持不同意见的人认为：一方面，我国的财力有限，难以承受测序工作所需的沉重的资金负担；另一方面，我国的基因研究虽然已经达到了一定的水平，但要承担复杂的人类基因组测序任务，不管是从设备来说，还是从人才来说，都离要求很远。在10年的争论中，反方的意见一直占据上风，其原因主要来自以下三个方面。

首先，中国当时知道人类基因组计划的人实在太少了，只局限于部分专家，因此，很难取得政府和研究机构的支持，更难获得企业和民间资金的资助；其次，即使在了解基因组计划的人中，也有人对它的意义表示怀疑。我们为什么要花这么多的钱、花这么大的精力、去做这种没有直接效益的工作呢？对于我们目前来说，最需要做的是"马上见效"的事情；第三，国外对我国的基因组研究能力缺乏了解，更谈不上信任，哪能轻易就可参加进去？

正当我国就是否参与基因组计划的测序而激烈争论时，现实的发展已经刻不容缓了。中国是人类基因资源的"首富"。中国人多，病也多，再加上中国人几千年的定居传统，许多少数民族群居生活在偏远的大山里，形成的大家族（也叫家系）最多、最纯，对于基因研究和产业开发来说，中国无疑是一个难得的"基因宝库"。

于是，一些外国科学研究机构纷纷把目光投向了中国。1996年，美国哈佛大学"群体遗传学计划"宣称，要在中国研究包括糖尿病、高血压、肥胖症等在内的几乎所有"文明病"，将采用2000万中国人的血样及DNA样本。2000年1月13

日，企图垄断基因组信息的美国塞莱拉公司宣布：他们要在中国的台湾和上海"登陆"，企图得到中国富甲天下的动植物和人类基因资源。一家日本私人公司"龙基因组"也来到中国，公然声称要把整个DNA制备自动线设在大连，争夺中国基因资源的战斗一触即发。

"山雨欲来风满楼。"挑战不止这些，还有来自国际人类基因组计划的研究进展。由于私营公司的竞争和测序仪器与技术的改进，原定于2005年完成的计划，被一再提前。1998年，塞莱拉公司声称在2年内，以一种新的策略完成人类基因组计划的全部DNA测序，并对DNA序列进行垄断。这一下，由各国政府支持的主流科学家们着了急。于是他们也宣布：加快测序速度，提前于2000年春天完成测序的工作草图。

形势对于中国来说，确实催人奋进，如果还不参加，就来不及了。

这时，中国科学界猛醒了。科学家们认为绘制人类基因图是关系到21世纪我国生命科学与生物产业的基础建设，如果我们不参与人类基因组序列图的绘制，势必进一步拉大与发达国家在这一领域的距离，我们将眼巴巴地看着我国永远失去参加的机会。今后，一步被动，势必长期被动、全局被动，耽误国是。历史将证明，中国建立大规模的基因组序列图构建系统，只是时间早晚的问题。越晚我们付出的代价就越大，不做就是我们的失职，历史将会追究所有人的责任。因此，我国的决策部门，所有相关的研究人员，逐渐感到"老虎追瘸子，不跑也得跑"，人类基因组的研究该起步了。

领先一步的是中国科学院遗传研究所的"人类基因组中

心"（简称北京中心），他们于1998年8月11日开始研究。1999年2月决定搞大规模基因组测序，4月预运行，以创造加入"国际测序俱乐部"的条件。1999年7月7日在国际人类基因测序协作组登记，申请加入"国际测序俱乐部"。1999年9月1日，在英国伦敦举行的第五次人类基因组测序战略会议上，我国作为新的成员参与了会议，并与国外科学家一起讨论战略，商议标准，界定区域，分析面临的问题，一起分享喜忧。占全世界人口20％的中国，终于加入到了世界人类基因组测序工作的"大家庭"，负责测定人类基因组序列的1％的工作任务。

经过我国科学家和工作人员的共同努力，我国承担的人类基因组计划中国部分"完成图"提前2年绘制完成，2001年8月26日"1％项目"通过专家验收。中国科学家为完成所承担的工作，共测定了3.84亿个碱基，相当于将所负责的区域重复测定了12次以上，对人类整个基因组的实际贡献为1％左右。经专家们鉴定，我国承担的中国部分"完成图"的所有指标都达到了国际标准要求。目前所有数据已经递交到国际基因数据库中，可被全世界的科学家和研究者直接免费享用。

国际人类基因组计划中国部分的完成，表明我国在基因组学研究领域已达到了国际先进水平。科学家们一致认为，中国参与国际人类基因组计划并做出重大贡献，充分显示了我国新一代领导人积极参与国际合作重大课题的创新思维与创新策略，显示了中国科学家在科学探索、科研体制方面的创新精神。中国的参与改变了人类基因组研究的国际格局，提高了中国在国际社会的形象，受到了国际同行，特别是参与人类基因组计划的各国研究中心及发展中国家的欢迎与称赞。中国的参与使我国理所当然地分享国际人类基因组计划的全部成果与数据、资源和技术，同时具备有关事务的发言权。尤为重要的是，通过参与而分享国际人类基因组的资源和技术，从而形成了我国自己的接近世界先进水平的基因组研究实力。

今后，我国人类基因组的研究工作还很繁重。中国科学家将继续参与国际合作，列出完成人类基因及其产物的清单；对控制基因表达的区域进行大规模的研究与分析；分离全部的人类单核苷酸多态性等，同时，分析与中国人的疾病相关基因及其多样性；测定对于中国具有特殊意义的其他生物如水稻、家猪等的基因组。这些工作的开展将对我国生命科学研究和生物产业的发展有重大意义。

人类基因组研究意义十分重大，你想进一步了解这件事吗？为了揭开人体基因的种种奥秘，我们就得先了解什么是基因和基因组，如何测定DNA序列，以及什么是人体基因组图谱。只有掌握了有关分子遗传学的基础知识，才能踏进人类基因组计划的大门，了解破译人体基因的真谛。下面我们先介绍有关分子遗传学的基础知识。

# 二、探索基因之谜

我们常说"种瓜得瓜，种豆得豆"；"什么葫芦结什么瓢，什么种子长什么苗"，这就是遗传现象。为什么会有子女像父母、子代像母代的遗传现象？遗传的奥秘在哪里呢？

古往今来，遗传现象有着十分诱人的魅力。远古时代，人类就有了"物生其类"的说法，可是却不知为什么物能生其类。人们对遗传物质的认识只是近百年的事。在9世纪中叶以前，遗传的观念仅仅是猜测或假想，甚至带有神鬼的色彩。从19世纪中叶起人类才进入了探索遗传物质的阶段。100年来有过种种假说或学说……回顾探索遗传奥秘、发现基因的历程，将有助于我们认识神秘的基因，了解基因的结构和功能。

## ● 引人深思的猜想

遗传的奥秘和其他一切科学一样，被大自然禁闭在秘室里，人们为了探寻它的根源，走过了荆棘丛生的漫长道路。

很早以前，人们就已经认识到：许多生物，无论是飞禽走兽，还是花草树木，包括人在内，多是通过有性生殖繁衍后代的。父母亲结合产生子代，子代又产生孙代，子子孙孙繁衍不已。那么，父母亲这一代是将什么东西传给了下一代呢？其实，前、后代唯一的联系"桥梁"是生殖细胞。于是有人便在生殖细胞里大做文章，在17世纪流传的一种说法，叫"预成论"，其中有两派：一派是"精源论"，另一派是"卵源论"。他们认为在生殖细胞里上帝预先放了一个小人，在发育过程中，这个小人越长越大才成了大人。那么，上帝是将这个小人放在精子里，还是放在卵子里呢？两派争论不休。卵源论者认为有的人早就存在于夏娃（上帝造的女人）的卵巢里了。精源论者的观点，则相反，有一位叫哈特索克的学者曾在精子里画了一幅非常有名的微型小人的草图，在精子的椭圆形头部生着一个有手有脚、有身有头的小人，但没有五官，脑袋是一颗星星。他们认为，后代的身体来自于精子。很显然，不论是哪一派说法，都是不科学的，它们都是唯心主义神创论的说教。其实，通过显微镜的观察，我们在生殖细胞里看不到眼、耳、舌、身，也看不到根、茎、叶、花、果。这说明生物的具体性状不是直接遗传的。那么，究竟父母是把什么东西传给了子女，使子女长成后像父母呢？

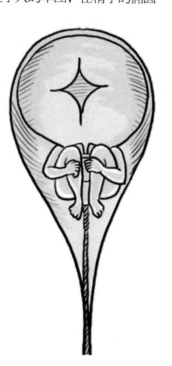

瞧，17世纪科学家画的人的精子

19世纪以前，曾普遍流行一种"血统"融合的观念，认为父母亲给下一代的是"血液"或"生殖液的混合物"。因此，把从双亲结合产生

子代的遗传现象叫"血统"，把亲子之间的关系叫作"血缘关系"，把杂种叫"混血儿"，把杂交看成是两个血统的混合。按照这种说法，父母亲的两种不同性状，好像两杯不同溶液一样，在子代里混合或融合。例如，将父本比作一杯墨水，母本比作一杯清水，子代将成为一杯淡墨水。这就是说两种不同的性状，杂交后融合为一，杂交便减少了变异性。照此说来，黑色与白色个体杂交，第一代应为灰色，第二代应为淡灰色，如此不消几代，这个新生的个体颜色将在群体内完全消失。显然这不是事实，这样下去变异岂不有减无增，生物只得退化，当然也就不会有生物进化发展的今天。所以，血统融合的观点也是不科学的，是与生物进化的观念背道而驰的。那么，究竟父母是把什么东西传给子女，使子女长得像父母呢？

伟大的生物学家、进化论的创始人英国学者达尔文提出了一个新见解，他将遗传的研究从神学的桎梏中解救了出来。


● "贝格尔"航行的启示


1809年，达尔文出生于英国鲁兹巴利城的一个富有的医生家庭。在幼年时，达尔文的智力并不超常，用他自己的话来说："我是一个很平庸的孩子，远在普通人的智力水平之下。"但达尔文很有个性，与他的兄弟姐妹不同，达尔文从小就喜欢搜集贝壳、鸟卵和植物等各种各样的东西，并且爱好骑马、钓鱼、养狗和旅游。达尔文称他自己"在许多方面都是一个顽皮的孩子"。然而，正是这种天赋的本性培养了他对大自然的热爱和敏锐的观察能力，并导致他对自然科学的热爱，以至于他把科学工作看作他一生中的主要享受和唯一的职业。除了科学以外，达尔文还喜欢阅读各种书籍。1825年，他父亲送他去爱丁堡大学学医，但他对背诵枯燥的医学课程不感兴趣。这一时期他曾对大海里的动物进行了一些观察，曾到威尔士旅行、打猎和收集

**进化论创立者达尔文**

标本。两年以后，当他父亲明白医生的前途不能引起达尔文的爱好，便让他离开了爱丁堡，而去剑桥大学学习神学。然而，达尔文对神学也不感兴趣，但在剑桥大学从一些知名教授那里达尔文学到了许多有关博物学方面的知识，并且在一些书籍的影响下，点燃起想在自然科学的宏伟大厦中奉献自己的强烈愿望。达尔文毕业后，1831年是他一生中最难忘的一年。这一年，经剑桥大学植物学教授亨斯洛的介绍，达尔文以一个自然科学家的身份搭上了去南美考察的"贝格尔"军舰，完成了长达5年的环球旅行。这5年的旅行生活让达尔文受益匪浅。正如达尔文本人所说的那样："'贝格尔'号航行，算是我生平最重要的事件，它决定了我的整个生涯。"在"贝格尔"号航行过程中，达尔文经常利用停泊的时机，上岸深入腹地游历，进行地质和动植物考察，发掘古生物，采集当地有代表性的动植

物。这使达尔文得到了丰富的自然界知识和材料。他发现许多事实都跟在神学院学习的"生物是上帝创造的，而且是永恒不变"的观点相矛盾，从而使他奠定了生物可变的进化论思想。例如，他在加拉巴哥斯群岛上考察时，发现各个小岛上的鸟、蜥蜴和龟等既跟美洲大陆上的物种十分相似，而又是加拉巴哥斯群岛上所特有的类型，各有其不同的特点。他认为这些动物显然是从大陆迁移到了海岛，由于岛上自然条件的特殊性，因而又获得了各自的特点。这些生动而丰富的观察材料，使达尔文找到了物种可变性的真正原因。

达尔文在旅行过程中，遇到的这些无可争辩的事实，使他对自然界的看法发生了根本的改变。从此，他由一个神创论的忠实信徒，转变成为了一个生物进化论者。回到英国以后，达尔文便开始整理他旅途的研究，并大量收集材料，经常访问畜牧场和园艺场的情况，了解家养动物新品种的选育工作。他自己还养了许多鸽子，并参加了养鸽学会。1839年，达尔文发表了他的《航行日记》，获得很大成功。1842年，达尔文开始撰写他的伟大著作《物种起源》，并于1859年发表。达尔文在这部著作中描述了大量的变异现象，并用人工条件下的变异为基础，阐述了生物进化过程中自然选择所起的推动作用。达尔文对于生物发展规律所做的科学解释，击破了生物发展是由"神的力量"引起的荒唐谬论，对生物学领域中的唯心主义和神创论的观点给予了致命的打击。达尔文进化论的诞生在生物科学发展史上具有划时代的意义，是生物科学发展步入科学轨道的里程碑。

任何事物开始总是很难十全十美，达尔文的进化论也不例外，在这幢新建的生物进化论大厦里还有许多地方需要填补，它离完善还有很长一段路要走。达尔文的进化论在解放了人们思想的同时，也留下了几个很棘手的问题。尤其是生

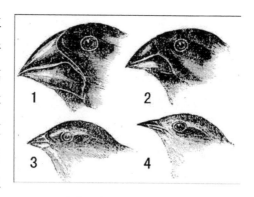

加拉巴哥斯群岛雀鸟的鸟嘴

物性状遗传变异的物质基础是什么？什么是遗传物质？遗传物质是如何发挥作用的？这些问题不解决，就无法从根本上驳倒"上帝特创论"和"物种不变论"的观点。

在19世纪中叶，当人们对达尔文的进化论激动不已、争论不休时，一个伟大的发现被忽略了。

## ● 修道院里的伟大发现

1857年春天，当达尔文忙于撰写《物种起源》的时候，在奥地利的一个修道院里，一个叫孟德尔的普通修道士正在全神贯注地进行豌豆的杂交试验，他从中发现了两个遗传规律，由此开创了研究遗传和变异现象的科学道路。

孟德尔1822年出生在奥地利的一个贫苦农民家庭。幼年的孟德尔聪明好学，勤奋过人，4年就读完了小学全部课程，并以优异的成绩考上了中学。孟德尔的父亲喜爱栽花种树，他幼年时常跟父亲在花园里劳动，因而自小就获得了一些植物栽培的

管理知识。中学毕业后，孟德尔进入奥米茨大学学习。在学习期间，孟德尔为生活所迫中途辍学，不得不进康尼格克洛斯特修道院当一名见习修道士。正如他自己所说："我的境遇决定了我的职业选择。"在修道院里，孟德尔学习了4年的神学课程。1851年，经修道院院长推荐，孟德尔进入"音乐之乡"的维也纳大学学习自然科学。在这期间，他除了认真学习之外，还参加了维也纳动植物学会，成为了该学会的会员。在大学里，他受到了知识渊博的知名学者、教授的培养和他们的科学思想方法的熏陶，这些对孟德尔后来的研究工作产生了深刻的影响。

1853年，孟德尔结束了维也纳大学的学习生活，回到了原来的修道院，从事修道士工作。于1857年开始，孟德尔在修道院内的一块200多米²的园地里连续进行8年的豌豆杂交试验，终于在1865年获得了重大成果。

孟德尔设想，要想了解生物的遗传问题，应该选择不同性状的亲本杂交，然后观察某个性状在杂交后代的表现，先观察杂交第一代，以后再观察第二代、第三代……以至许多代的性

奥地利科学家孟德尔

状表现，从中得出这个性状的遗传规律。孟德尔选择了一些特征明显的豌豆作为观察对象，比如，种子的形状（圆形和皱缩）、子叶的颜色（黄或绿）、茎的高矮（高茎和矮茎）、花的部位（叶腋着生或顶端着生）等等。通过试验孟德尔发现，高茎豌豆和矮茎豌豆杂交产生的后代都是高茎，种子圆形的豌豆和皱缩的豌豆杂交产生的后代都是圆形的。他把高茎和圆形种子能够在杂交第一代中表现出来的性状叫作"显性性状"，没有表现出来的性状（矮茎和皱缩种子）叫作"隐性性状"。

孟德尔把杂交的第一代高茎豌豆单独播种，通过自花传粉，结果在第二代中，不但有高茎豌豆，而且还有较少的矮茎豌豆。豌豆种子的形状的遗传也是一样，在子代不仅有圆形种子，还有皱缩种子，只是皱缩种子少一些。对这种现象，孟德尔经过统计分析，发现在杂种第二代（也叫子二代）中，呈现"显性性状"和"隐性性状"的植株比例为 $3:1$。这神奇的"$3:1$"可不是等闲之物！后来证明它成了遗传科学皇冠上的璀璨明珠。为什么会出现这种现象呢？孟德尔解释说，生物的各种性状都是由生殖细胞里的"遗传因子"所控制的，如高茎和矮茎这一对相对性状就是由相应的一对遗传因子决定的。这些遗传因子在体细胞里是成对存在的，而在生殖细胞里是单独存在的，这是由于生殖细胞在成熟过程中发生减数分裂的缘故。所以生殖细胞里的遗传因子就只有体细胞里的遗传因子的一半了。如果用DD表示纯高茎的遗传因子，用dd表示纯矮茎的遗传因子，那么它们杂交后所产生的杂种一代遗传类型一定是Dd。但由于D遗传因子的作用比d遗传因子强，所以杂种一代只表现D遗传因子所控制的性状，而不表现d遗传因子所控制的性状。

尽管d遗传因子所控制的性状没有表现出来，但也没有消失，而是"隐而不显"，另外，d遗传因子也不与D遗传因子融合。D遗传因子和d遗传因子彼此都是纯洁的，独立存在的。因此，杂种一代产生配子时，既有含D遗传因子的配子，也有含d遗传因子的配子，并且它们的数目也是相等的。当用杂交一代自交时，含D遗传因子的配子和含d遗传因子的配子的结合是随机的，所以在杂种二代中出现高茎：矮茎=3：1的现象。由此可见，遗传因子在杂合状态下是不会相互影响的，而且在配子形成时又会按原样分离到配子中去。后来人们把孟德尔发现的这一规律，叫作分离定律或孟德尔第一定律。

孟德尔在明确了一对性状分离的规律之后又设想，如果用具有两对性状的亲本杂交其后代又表现如何呢？于是，他选用橘黄色、圆粒种子（以YYRR表示）与绿色、皱粒种子（以yyrr表示）的两个纯合豌豆作亲本进行杂交，结果杂交一代都

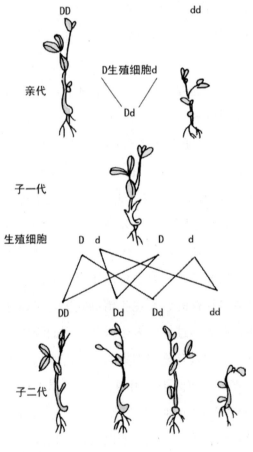

豌豆高茎和矮茎的遗传

是橘黄色、圆粒（YyRr）的种子。这说明黄圆对绿皱是显性。然后用杂交一代自交，结果杂交二代出现黄圆、黄皱、绿圆、绿皱四种类型的豌豆植株，其后代的株数比为9∶3∶3∶1。这也就是说具有双显性性状的植株最多，双隐性性状的植株最少，两种新类型（一个显性性状和一个隐性性状组合在一起）的植株数居中。为什么会出现这种现象呢？孟德尔解释说，具有两对或多对以上的相对性状的亲本进行杂交以后，杂种一代形成配子时，不同对的遗传因子各自独立地分配到配子中去，一对遗传因子与另一对遗传因子在配子里的组合是自由的、互不干扰的。后来人们把孟德尔发现的这一规律叫自由组合定律或孟德尔第二定律。

孟德尔除了以豌豆为材料进行遗传研究以外，还曾做了大量的其他植物（玉米、紫罗兰和紫茉莉）的杂交实验工作。孟德尔把实验得到的结论和自己的理论解释，写成论文《植物的杂交试验》，寄给瑞士一位名气很大的植物学家耐格里。但是，倚老卖老的耐格里，根本瞧不起一位不知名的普通修道士，认为几粒豌豆对了解问题的真相没什么用处。因此，十分轻蔑地把孟德尔的论文退了回去。不过，孟德尔还是在1866年把他的文章发表在一家奥地利的地方性杂志上。因为这是一家不出名的杂志，孟德尔的这一划时代的发现并没有引起人们的注意，连和他同时代的伟大的生物学家达尔文也不知道这篇杰作。尽管历史如此无情，但孟德尔对于他的发现的前景却是十分乐观的。他在临终前曾满怀信心地说："大概不要那么长久，世界将承认我的研究成果。"事情正如孟德尔所预想的那样，孟德尔死后16年，即1900年，荷兰、德国、奥地利的三位

科学家，分别做了孟德尔做过的工作，并且证实了孟德尔在豌豆实验上发现的秘密，同样也适于其他生物。孟德尔定律被人们重新发现，这引起了全世界科学界的强烈反响，孟德尔定律也被公认为奠定了现代遗传学的基础。

孟德尔发现的"分离定律"和"自由组合定律"是遗传学的两个基本定律。他在修道院里发现的奇迹，至今还闪烁着耀眼的光芒。但是由于历史条件的限制，达尔文和孟德尔都不可能深入到细胞领域来研究遗传和变异的规律。随着细胞学说的发展，科学家们认为要真正揭开遗传的秘密，必须从细胞着手，在细胞中寻找根据。于是，遗传学的研究便开始向微观世界步步推进。

● 在细胞里探秘

如果把生命比作一座高楼大厦的话，那么，细胞就是砌成大厦的砖。早在19世纪中叶，德国植物学家施莱登和动物学家施旺在前人工作的基础上就提出了"一切生物都是由细胞组成的，细胞是生物体的基本单位"这一重要概念。现今形形色色的生物界，不论生物体在形态、大小、生活方式等方面的差异有多大，它们都有着共同的结构基础，这就是细胞。细胞不仅是生物体结构的基本单位，也是生命活动的基本单位。有人把生命活动中的细胞与化学反应的原子相比拟，原子是参与化学反应的基本单位，而构成生物体的物质大分子（如核酸、蛋白质等等）却不能单独生活，只有当这些分子按一定方式组织起

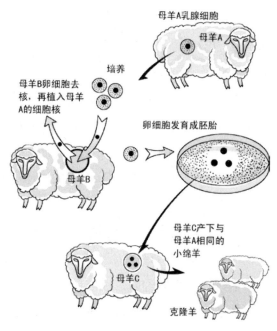

来形成细胞才能表现出生命现象。因此，细胞也是生命活动的基本单位。对于多细胞生物来说，在生命的个体发育中，细胞又是生命个体发育的基础，因为多细胞生物是由受精的卵细胞逐步分裂生长起来的。在生物体与不良外界环境作斗

母羊A乳腺细胞
母羊A
母羊B卵细胞去核，再植入母羊A的细胞核
培养
卵细胞发育成胚胎
母羊B
母羊C产下与母羊A相同的小绵羊
母羊C
克隆羊

**原来克隆羊是这样诞生的**

争（包括与疾病作斗争）的过程中，细胞仍然是十分重要的基本单位。可见，小小的细胞，在生物界的作用和意义是多么重大！

细胞是生命活动的基本单位，它就必然具有遗传的物质基础。那么，遗传物质究竟存在于细胞的什么地方呢？那就让我们打开细胞到里面看看吧！

打开细胞的"大门"（细胞膜）后，我们首先看到的是细胞质，其次是位于细胞中央的圆形或卵圆形的细胞核。那么，在遗传和变异中，是细胞质还是细胞核在起着重要作用呢？科学家们把一种海胆卵的细胞核拿掉，然后加入另一种海胆的精子，发育起来的小海胆却和提供精子的海胆一样。我们知道，海胆精子几乎完全是由细胞核组成的，可见细胞核在生殖遗传

中所起的重要作用。近年来，在全世界掀起了一股"克隆"的浪潮。1997年新闻界报道了一个震惊世界的消息：英国科学家用无性繁殖的方法复制出了世界上第一只特殊的小绵羊——"多莉"。这只羊不是按传统的受精方法由公羊的精子和母羊的卵子结合后诞生的，而仅是利用一只6岁母羊身上的一个细胞"克隆"出来的。小绵羊"多莉"是怎样利用克隆技术培养出来的呢？科学家们主要是采用了细胞核移植和胚胎移植实现的。整个过程简单地说是这样的：先从一只母绵羊身上取出乳腺细胞，在实验室里培养后抽出其中的细胞核；然后将这个细胞核注入到从另一只母绵羊身上取出的去除了细胞核的卵细胞内；最后让这个卵细胞形成胚胎，植入到第三只母绵羊的子宫里，任其生长发育，150天后即分娩产下了"多莉"。从整个过程来看，"多莉"有三个母亲，即分别为它提供乳腺细胞、卵细胞的绵羊和怀胎的绵羊这三个母亲。但从遗传的角度来看，"多莉"的长相仅与提供乳腺细胞核的母亲一模一样。这个实验充分说明了细胞核在遗传中的决定作用。

那么，细胞核在遗传中怎样发挥作用呢？在对细胞核的研究过程中，科学家们发现在细胞核内有一种奇异的东西与遗传有关。

早在1848年，德国植物学家霍夫迈斯特在研究紫鸭跖草的花粉细胞时，在显微镜下精心观察，除发现核膜、核仁外，还隐隐约约地看见一些丝状和粒状的东西。这是些什么东西呢？其实，这就是我们今天所知道的染色体。不过，当时霍夫迈斯特还没有识别染色体的真面目。

1879年，德国生物学家弗莱明发现，可以用某些碱性染料把细胞核中那些呈丝状、粒状的东西染成红色，使它们在无色透明的细胞中，显得分外耀眼，从而可以观察它们并把它们画下来。由于它们能够着色，后来弗莱明就把这种丝状、粒状的能着色的物质称为"染色质"。染色质平时是散乱地分布在细胞核中，当细胞进行有丝分裂时，分散的染色质进行浓缩，就形成了一定数目和一定形态的条状物。最初，它们像许多"蚯蚓"一样盘绕在一起，以后就逐渐变短分散在细胞核部位，待细胞分裂完成后，这些条状物又恢复为原来散乱的染色质状态。1888年，瓦尔德耶把这些条状物叫作"染色体"。从这里我们可以看出，染色体和染色质实际上是同一种物质，它们只不过是在细胞分裂的不同时期表现的形态不同而已。

经过对许多种生物细胞的反复观察和研究，科学家们发现每种动植物的细胞核里都有不同形状和数目的染色体。如人的染色体有46条、鸡有78条、猪有38条、小麦有42条、玉米有20条、豌豆有14条……物种不同，染色体的数目不同，即使数目相同，形状也不一样。但是同一种生物的染色体数目是恒定的，一般是成对地存在于细胞核内，并且各对染色体的形态、大小和作用各不相同。那么，一个物种的细胞内染色体数目为什么能保持稳定呢？

这与细胞的"分身术"有关。大家可能读过《西游记》的故事，孙悟空有一次和牛魔王交战打得难分难解，这时孙悟空计上心头，从身上拔了一根毫毛，叫声："变！"立即就变出另一个孙悟空来。细胞虽然没有毫毛，却有孙悟空分身术的本领，能1变2，2变4，4变8……进行细胞分裂。但是细胞分裂又与孙悟空的分身术不同，细胞一分为二以后，原来1个细胞变成了2个较小的子细胞。此时，母细胞已不复存在，而子细胞则获得了母细胞的遗传物质并且有生活能力，成为和母细胞一样的细胞。子细胞逐渐长大，又可以分裂，再变成2个子细胞。如此，周而复始，绵延不绝。多细胞生物就是靠细胞的独特"分身术"，细胞数由少到多，体积由小到大，这样就能由一粒种子长成参天的大树，由一个小小的受精卵发育成一头大象。在"细胞家庭"里，没有"母子同堂"，只有"兄弟共处"。另外，如果条件合适，细胞可以不断分裂，几小时，甚至几十分钟就可以繁殖一代。它的数目按几何级数即2个变4个，4个变8个……而迅速增加。单细胞生物细菌的分裂能力极强，很多细菌，只要条件适宜，每20分钟就可以分裂一次，一个细菌按这个速度分裂，6小时后，所生后代，如果都活着，共有500万个。繁殖之快真是惊人！而高等生物的个体，往往需要几个月、几年，甚至十几年才能繁殖一代。

细胞靠"分裂"来繁殖，这是细胞的"分身术"。那么，细胞是如何分裂的呢？

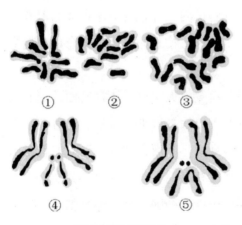

①　②　③

④　⑤

不同动植物的染色体

细胞的"分身术"是靠细胞核内染色体发出的"指令"进行的。染色体在细胞分裂中担任"导演"兼"主角"。科学家们已能借助显微摄影技术，把细胞分裂时染色体的各种"表演"拍摄下来，编成科教电影

片或录像片，我
们能很清楚地看
到细胞分裂的全
过程。

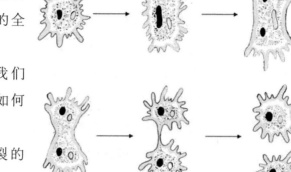

下面让我们
看看细胞是如何
分裂的?

细胞分裂的
方式可以分为三
类：无丝分裂、
有丝分裂和减数

**变形虫的无丝分裂**

分裂。无丝分裂也叫直接分裂，细胞分裂时不出现原生质的丝
状物，通常是细胞核延长，细胞加长，随后细胞核缢裂成两个
核；细胞质也接着分裂为二，细胞从中间"拦腰斩断"，横缢
成两个子细胞，这两个子细胞各含一个细胞核。这种分裂方式
不很普遍，多见于低等原生动物。有丝分裂是体细胞分裂的普
遍形式，一般细胞成熟时进行有丝分裂。细胞核内的染色质形
成染色体，染色体进行复制，然后平均分开，细胞随即分裂，
形成两个新细胞。这种细胞分裂涉及细胞核、染色体和细胞质
分裂的一系列过程，大致可以分为前、中、后、末4个时期。
前期染色体出现，经过复制已纵裂为二，核膜消失；中期染色
体排列在细胞中央，细胞两端出现细丝（纺锤丝）；后期两组
相同的染色体各向两端移动；末期形成两个新细胞。这种细胞
的"分身术"把复制的染色体分到两个子细胞的核中，使它们
各自具有相同数目、相同种类的染色体。例如：人的体细胞，

前期有46条染色体，在末期终了时，两个子细胞细胞核也各自含有46条染色体。因此，细胞分裂后产生的新细胞遗传物质是一致的，保持了遗传上的稳定性。减数分裂是在形成生殖细胞过程中进行的一种特殊的细胞分裂。在生殖细胞形成的过程中，发生两次特殊的分裂，使染色体彼此分离而分摊到4个细胞核中。因此染色体数目减少了一半，所以叫减数分裂。通过减数分裂产生的精细胞和卵细胞含有的染色体数目是体细胞的一半，然后通过受精作用，精细胞和卵细胞融合在一起，成为受精卵，这样染色体又恢复了原有的数目。受精卵再经有丝分裂形成多细胞的个体，每个细胞的遗传物质都是一致的，从而保持了遗传上的连续性和稳定性。

细胞分裂的方式虽然说起来简单，但你可别小看这种简单的细胞分裂啊！小到蚂蚁，大到鲸鱼，任何一个多细胞生物的个体都是通过细胞的不断分裂，从一个受精卵逐渐发育而成的。细胞的分裂不仅保证了生物的传种接代和遗传上的稳定性，它实际上也是正常生命活动的重要标志。像生命个体一样，细胞生活到一定时间也会老死。这就需要通过细胞的分裂来替换更新。皮肤脱落又生长，树叶枯萎又发芽，这也是通过细胞分

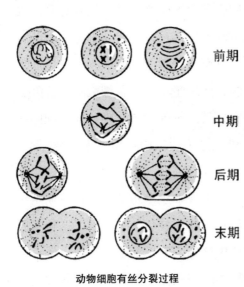

前期

中期

后期

末期

动物细胞有丝分裂过程

裂实现的。有些动物（如壁虎）断肢的再生和高等动物伤口的愈合，都离不开细胞分裂的过程……当然，在正常情况下，除了年幼个体之外，细胞分裂总是处于某种平衡状态之中。老细胞不断衰老死亡，新生的细胞不断新生更替，使生物体维持着正常的生活。对许多生物体来说，细胞是生物体不可分割的一员，离开生物体的细胞就不能独立存活，更谈不上细胞分裂了。

生物体就是这样依靠细胞的"分身术"，使自己不断繁殖生长。同时，通过染色体的不断复制，生物把自己的基本特征遗传给了后一代。

## ● 果蝇的贡献

20世纪初，由于细胞学研究的进展，一些科学家，特别是具有深厚细胞学基础的科学家已感到染色体与遗传现象之间有着某种必然的联系。美国生物学家萨顿指出，染色体和遗传因子是相互对应的，在体细胞中都是成对存在的，一个来自父本，一个来自母本，但由于细胞里的染色体数目远远少于遗传因子的数目，因此许多个遗传因子可以同处在一条染色体上。不过，这仅仅说明了染色体和遗传因子之间有某种方式的联系，但具体是什么关系并不清楚。

自孟德尔以后，1899年，丹麦科学家约翰逊首次提出用"基因"一词代替孟德尔的遗传因子。他认为遗传因子是个普通的用语，不够标准，而"基因"是一个很容易使用的小字眼，容易跟别的字结合。约翰逊的提议，很快得到了广大生物

**摩尔根肖像**

学家的认可。他在1911年还指出，受精不是遗传具体的性状，而是遗传一种潜在的能力，这叫作基因型。基因型是用肉眼看不见的，它代表了生物体的遗传组成。基因型只有在个体发育中才表现出一定的性状，这叫作表现型。从基因型到表现型，生物体所处的内外环境条件是遗传性状得以表现的重要因素。因此，有时表现型相同，基因型却不同。例如，豌豆的黄色、圆粒的表现型可以有YYRR、YyRR、YYRr、YyRr 4种基因型。有时基因型相同，表现型却不同，这可能与发育条件不同有关。因此，生物的性状（表现型）是基因型与环境相互作用的结果。约翰逊提出"基因"一词以后，便被科学家们接受了，一直沿用至今。但基因和染色体是什么关系，又成了科学家们关注的焦点。

直到美国著名生物学家摩尔根开始了卓有成效的果蝇遗传

和变异的研究，染色体的秘密才逐步被人们揭开。

摩尔根是20世纪最著名的生物学家之一。他出生于1866年，这一年恰好是孟德尔发表其研究结果的那一年。童年时代的摩尔根，对大自然中呈现出来的五彩缤纷的动植物感到新奇并逐渐对它们产生了兴趣，他经常在乡间和山区采集动植物标本。他还特别喜欢搜集化石，进行地质考察。这些活动对摩尔根毕生从事生物学研究起了重要的作用。1886年，摩尔根进入约翰·霍普金斯大学研究自然史并攻读博士学位，他主要从事动物形态学的研究。经过四年的不懈努力，他以优异的成绩获得了博士学位。然后摩尔根一直在大学里任教，他先是在布莱恩莫尔学院任动物学副教授，在那里他遇见了早年结识的好友亚库斯·洛布。洛布对摩尔根改革生物学研究方法——从传统的描述方法转到实验方法，产生了强烈的影响。1904年，摩尔根开始担任哥伦比亚大学实验动物学教授，并一直在这所大学任教24年。1928年摩尔根应聘来到加利福尼亚理工学院筹建一个生物系，他按照自己认为的生物学应具有的研究和教学方式，建立起了一个现代化的生物系。从此以后，他一直留在加州理工学院，积极从事科学研究，并在那里度过了自己的晚年。

从以上可以看出，与孟德尔相比，摩尔根是很幸运的，他是一个职业科学工作者。不用像孟德尔那样，为了自己的科学事业到处奔波，还要从事其他职业养活自己。摩尔根可以投入一切时间和精力从事自己的科学研究，他还有一间自己的实验室，专门从事果蝇的实验。一个偶然发现，使他的思想来了个180度的大转弯，成为了孟德尔学说的最热情的支持者。

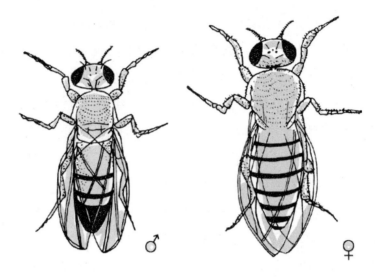

**果蝇的外部形态**

那么，摩尔根是怎样进行果蝇实验的呢？他又得出了什么结果呢？

摩尔根与孟德尔所用的实验材料完全不一样，他的研究对象是黑腹果蝇。黑腹果蝇外形有点像苍蝇，但个头比常见的苍蝇小得多，我们经常可以在卖水果的摊儿上见到它。饲养果蝇很容易，和小白鼠、豌豆等实验材料相比，果蝇不用占太大的地方，一个牛奶瓶或广口瓶里就可以养活成百上千只；它也不挑食，一点点香蕉或腐烂发酵的其他水果，就可以让它们愉快地生活。果蝇的生命力和繁殖力极强，一次就可以繁殖几百只，每两个星期就可以繁殖一代。果蝇的染色体简单，只有4对8条，清晰可辨。这些都是果蝇作为实验材料的优点，可以作研究遗传学的"工具"。在摩尔根"蝇室"的架子上，整整齐齐地摆放着许多这样的牛奶瓶，养着无数的果蝇。摩尔根每天就对牛奶瓶里的果蝇进行仔细的观察。有时他还把果蝇从瓶里挑出，用乙醚将它们麻醉后，在解剖镜下更细致地观察果蝇形态和数量的变化。

最初，摩尔根对果蝇的研究并不是为了验证孟德尔的遗传定律，而是希望通过大量饲养果蝇，来观察自然的突变。有一天，他终于发现了一只奇特的白眼雄性果蝇。一般正常的果蝇是红眼的，这只白眼果蝇肯定是突变体。摩尔根为了保存这珍贵的突变性状，他用这只白眼雄果蝇与红眼雌果蝇交配，实验结果使他惊奇地发现，所有的1237只后代都是红眼。作为孟德尔理论反对者来说，他当然很熟悉这一结果。于是，他又试着用杂种一代（简称$F_1$）的红眼雄果蝇与红眼雌果蝇交配。当全部幼小的果蝇从蛹里爬出来，张开它们幼嫩的翅膀，在牛奶瓶这个广阔的天地里飞翔的时候，摩尔根通过麻醉瓶把它们麻醉以后，倒在白瓷板上观察和记录个体的数目，结果使摩尔根惊呆了。杂种第二代（简称$F_2$）总共有4000多只果蝇，其中有1／2红眼雌蝇，1／4红眼雄蝇和1／4白眼雄蝇。奇异的现象出现了，红眼果蝇与白眼果蝇的数量比例竟然接近3∶1。孟德尔定律那种神奇的比例在原来反对者——摩尔根的实验里再现了。立刻，摩尔根成为了孟德尔定律的狂热追随者。这个实验结果不仅仅验证了孟德尔定律，同时，摩尔根还发现，所有$F_2$代的白眼果蝇都是雄的。这是为什么呢？他抓住这一点逐步地深入研究，结果发现了"伴性遗传"现象。那么，什么是伴性遗传呢？

以前，人们在对果蝇染色体的研究中已经发现，性别是由性染色体决定的。果蝇有4对8条染色体，其中有一对性染色体，称为X染色体和Y染色体。凡是携带XX染色体的个体为雌性，携带XY染色体的个体为雄性。在上面的实验中，凡是白眼果蝇无一例外地均是雄蝇，这无可争辩地说明，控制白眼的遗传因子（基因）一定在X染色体上。因为在Y染色体上没有X染色体的等位基因，所以只有雄性果蝇才能表现出白眼的性状。这是人类第一次把一个遗传因子（基因）定位在某一条染色体上，这清楚地说明了染色体是基因的携带者，基因在染色体上。基因随着染色体的遗传而遗传给后代，从此，人们了解了基因与染色体的关系。

后来，摩尔根又做了许多果蝇的杂交实验，他发现有许多地方和孟德尔的豌豆实验不同。例如，摩尔根把一种具有灰色身体（BB）和残翅（vv）的果蝇同另一种具有黑色身体（bb）和长翅（VV）的果蝇进行杂交，得到的子一代（F₁）的果蝇都是灰身长翅（BbVv）的。按照孟德尔的理论，他把子一代（BbVv）的雄性果蝇同双隐

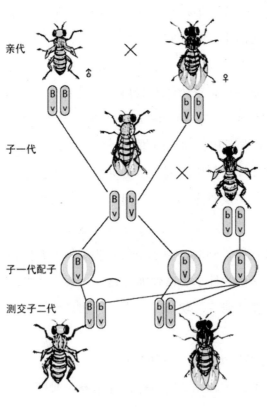

**果蝇的杂交实验**

性（黑身残翅，bbvv）雌果蝇回交，理应得到四种结果，然而多次试验之后，摩尔根却只得到两种果蝇，即子二代（$F_2$）一种像它的"祖父"，一种像它的"祖母"。这是为什么呢？

摩尔根发现在每条染色体上有许多基因，它们在染色体上是直线排列的。染色体在性细胞减数分裂过程中可以自由组合，而排在一条染色体上的基因，是不能自由组合的。打个比方，链条好比染色体，构成链条的各个链圈儿好比基因，链圈儿总是跟着链条跑，基因总是随着染色体走的。摩尔根把基因的这种特点，称为基因的"连锁"。

现在我们用基因进一步说明上述实验结果。用B来代表显性的灰身基因，用b来代表隐性的黑身基因，V代表显性的长翅基因，v代表隐性的残翅基因。两个杂交 亲本的基因型：灰身残翅为BBvv，黑身长翅为bbVV。杂交第一代得到BbVv，其表现型是灰身长翅的果蝇。再让子一代BbVv和bbvv黑身残翅回交，因为B和v这两个基因在同一条染色体上，b和V这两个基因在另一条染色体上，由于黑身残翅（bbvv）的雌果蝇的卵中只有bv的基因在一条染色体上，所以，它们结合后只得到灰身残翅（Bbvv）和黑身长翅（bbVv）这两种结果。这就叫作"连锁遗传"。

摩尔根在长期实验中还发现，基因本来是连锁的，然而有时由于相对的染色体之间的断离与结合而产生了基因的互相交换。但交换的情况一般只占1%，这就好像链条上的链圈儿偶尔也丢掉了一个再补上一个一样。

连锁和交换是摩尔根发现的遗传第三个规律。从这里可以看出，摩尔根更上一层楼地补充和发展了孟德尔的遗传学说。

摩尔根提出的在一条染色体上有许多基因，这些基因相互

连锁在一起，随染色体一起遗传到下一代，这些基因称为"连锁群"，它们作为一个整体进行自由组合。目前已经知道，果蝇的1000多个基因可以归为4个连锁群。大量的实验还表明，连锁群的数目恰好等于染色体的对数。例如，果蝇有4个连锁群，它的染色体的数目刚好是4对；玉米有几千个基因组成10个连锁群，它的染色体也刚好是10对。在这些事实的基础上，人们确信了基因位于染色体上的结论。

1911年，摩尔根的一个学生布里吉斯想到，可以利用性状之间的相互关系来判定基因在哪条染色体上，这实际上就开创了绘制染色体基因遗传图的研究。后来的研究表明，基因遗传图的绘制，是遗传学上最为艰巨的研究工作之一，也是一项复杂而又细致的研究工作。摩尔根和他的学生们一起克服了无数困难，开创了遗传学研究的新领域。可以说，摩尔根的成功，凭借的不是精巧的仪器，而是熟练的双手、富于想象力的头脑和对科学既广博而又深厚的理解，以及他那坚韧不拔的探索精神。

摩尔根在果蝇遗传研究的基础上发展了前人的染色体遗传理论，创立了新的遗传学说：染色体-基因学说。摩尔根开创了细胞遗传学的新时期，为日后研究基因的结构和功能奠定了理论基础，为遗传学的发展树立了一个新的里程碑。

● 细菌和病毒的功劳

摩尔根的研究工作说明，基因负责性状的遗传，它们存在于细胞核的染色体上。那么，基因是由什么物质组成的呢？这个问题的解决可不简单，它经历了一条艰难曲折的道路。科学家们通过对染色体化学成分的分析，了解到染色体是由蛋白质和核酸组成的。然而，二者究竟谁是组成基因的物质成分呢？

从很早的时候起，人们就认识到蛋白质在生命活动中的重要作用。科学家们发现，构成生物体的成分当中，大部分物质是各种各样的蛋白质，而生命活动的新陈代谢过程中更是都需要一种特殊的蛋白质——酶的催化作用。人们还发现，调节生命活动的许多激素也是蛋白质。难怪伟大的导师恩格斯说："没有蛋白质就没有生命。"于是，在探索

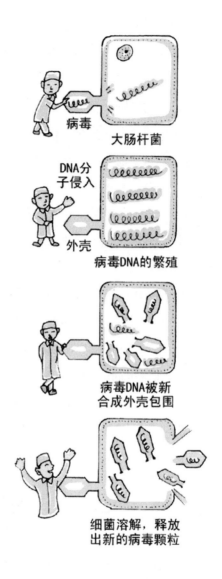

病毒是这样进行繁殖的

遗传奥秘的进程中，科学家们很自然地便把寻找遗传物质的目光，首先投向了蛋白质。而蛋白质也真像遗传物质，你看！蛋白

质是由许多氨基酸分子相互连接而成的高分子化合物，它像一列很长的火车，由许多车厢组成，每一节车厢就可以看作一个氨基酸分子。由于组成每种蛋白质分子的氨基酸种类不同，数目成千上万，排列的顺序变化多端，形成的空间结构更是千差万别，因此，蛋白质结构的多种多样，正好可以说明构成生物的多样性。但是，非常遗憾的是，经过许多科学家的研究证明，蛋白质并不能"复制"，它不能由蛋白质生成相同的蛋白质，也就是说，蛋白质不符合遗传物质能传种接代的基本条件，于是想证明蛋白质是遗传物质的尝试最终失败了。有趣的是，这个长期令人困惑不解的问题，后来在小小的微生物的帮助下解决了。科学家们借助于对细菌和病毒的研究，终于揭开了其中的奥秘。人们终于发现，原来核酸就是生命的遗传物质，是基因的组成成分。

大家都知道，世界上最简单的生命莫过于病毒了。它们是寄生在细胞里面的一种"寄生虫"。有一种叫噬菌体的病毒，是一种专门吃细菌的病毒，它的样子很像蝌蚪，但比蝌蚪小得多，是肉眼看不见的，只有在放大几万倍的电子显微镜下，才能见到它的真面目。噬菌体有

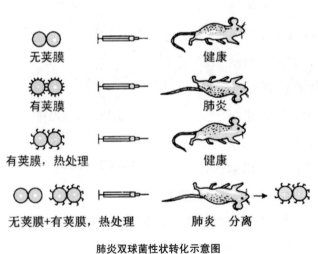

无荚膜　健康

有荚膜　肺炎

有荚膜，热处理　健康

无荚膜+有荚膜，热处理　肺炎　分离

肺炎双球菌性状转化示意图

一个六角形的头和中空的"尾巴",头的外壳是由蛋白质构成的,里面含有一种核酸,叫脱氧核糖核酸,也就是DNA。这种在空气中如同"尘埃"的微小生物,繁衍的方法非常奇特。当它们接触到细菌后,首先吸附在细菌上,然后像"注射器"一样,通过尾部把DNA注射到细菌中,蛋白质外壳则留在细菌外面。进入细菌内的DNA神通广大,它像孙悟空大闹天宫似的,会把细菌原有的正常生命活动闹个天翻地覆,使细菌完全置于它的控制之下,为合成自己的核酸和蛋白质服务。这些核酸和蛋白质组装起来便装配成了许多病毒,破壁而出,然后再去侵染其他细菌。由此看来,病毒的传种接代,靠的不是蛋白质而是DNA,这就说明DNA是噬菌体的遗传物质。

DNA是生命的遗传物质,还有一个非常有力的证据。那是在1928年,英国有位叫格里费斯的科学家在肺炎双球菌中发现了一个非常奇怪的现象。大家知道,肺炎双球菌有两种类型:一种是有毒的S型,它会使老鼠患肺炎而死亡;另一种是无毒的R型,不会使老鼠生病。格里费斯用高温杀死了有毒的S型细菌,再把它同活的R型无毒细菌混合起来,注射到老鼠体内。按理说,有毒的细菌已被杀死,活的细菌又无毒性,老鼠不应该得病了,但出乎意料,有些老鼠竟得病死了。于是,格里费斯对死鼠进行解剖、化验。结果发现,死老鼠的血液里有许多活的S型有毒的肺炎双球菌。这些"神出鬼没"的有毒病菌是从哪里来的?为什么死菌能"复活"呢?为什么无毒的R型活菌转变成了有毒的S型活菌?格里费斯认为,加热杀死的致病性的S型菌中,一定有一种物质可以进入到不致病的R型菌中,从而改变R型菌的遗传性状,使其变成了S型的致病双球菌。他的这

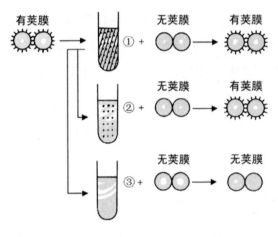

无荚膜菌加"转化因素"可以变为有荚膜菌

种推测，直到1944年由于法国的科学家艾弗利等人的出色工作，才终于揭开了这其中的奥秘。

在实验中，艾弗利等科学家从有荚膜（即细菌外面包着的一层糖类物质）的S型细菌中，分离出了一种被称为"转化因素"的物质，他们将这种物质加入到培养细菌的培养基中，培养没有荚膜的R型细菌。奇怪的是，无荚膜R型细菌经培养后，竟长出荚膜来了，而且它的后代也都有了荚膜。经化学成分的分析证明，这种当时被称为"转化因素"的物质就是脱氧核糖核酸，也就是DNA。这是生物学史上第一次用实验的方法证实了核酸是遗传物质，是基因的组成成分。DNA作为遗传物质的发现，使遗传学的研究进入了一个新阶段。

● 绷带上的奇妙物质

核酸和蛋白质一样，也是生物所特有的一种大分子物质，它在生命活动中起着十分重要的作用。可以毫不夸张地说，没有核酸也就没有生命，可是，核酸是怎样被发现的呢？

世界上第一个发现核酸的人是24岁的瑞士青年科学家米歇尔。米歇尔于1868年到德国学习，在著名的生物化学家塞勒的实验室里从事细胞核组成成分的研究工作。为了研究细胞的化学组分，首先要获得大量的实验材料。从哪里得到这许多的细胞呢？善于开动脑筋的米歇尔，很快想起来外科手术绷带。他想，绷带上有许多又脏又臭的脓液，脓液中就有许多白细胞，这些白细胞不就是动物细胞吗？这就可以作为理想的实验材料。为了得到这些细胞，米歇尔用盐水先把脓细胞从绷带上洗下来，结果发现这些细胞集聚在一起，并且膨胀成了像明胶一样的东西。如果用稀的硫酸钠溶液清洗绷带，就可以把细胞洗下来，并且保存很好。于是米歇尔得到了许多白细胞。为了从细胞核中清除蛋白质，他在稀酸溶液中加入了含有胃蛋白酶的猪胃提取物，这种提取物可以消化分解蛋白质，接着米歇尔又用稀碱溶液从细胞核中抽提分离出来了一种前所未见的化合物。通过对这种化合物进行化学分析和其他性质的测定，米歇尔发现这是一种过去从没见过的特殊物质，当时他把这种物质叫"核素"。

时隔20年后，经过多方面的研究，人们才逐渐认识了这种物质。由于它最初是从细胞核中分离出来的，又具有酸性，所以，1889年重新定名为"核酸"。从此，核酸就成了许多生物学家和化学家感兴趣和研究的对象。又过了50年，人们终于揭开了核酸是遗传物质的奥秘。可是当时又有谁知道米歇尔这个年轻人的发现竟开创了一个崭新的科学领域，使人类取得解开生命之谜的金钥匙呢！当时又有谁能预言这个不起眼的发现竟会引起生命科学研究的一场大革命呢！让我们永远记住青年科学家米歇尔的伟大功绩吧！

# 三、揭开基因信息的面纱

科学家们通过遗传学的研究发现，生物上一代传给下一代的并不是各种各样的器官，而是一种能控制生物性状表现的遗传物质——基因。基因是负责生物性状遗传的基本单位。例如，动物的毛色，白毛有白毛基因，黑毛有黑毛基因；植物的花色，种子的形状；还有人的个子的高矮，肤色的深浅，身体的胖瘦，甚至寿命的长短等种种性状都有各种不同的基因。就人类而言，父母亲就是通过精子和卵子将一套遗传物质（基因）传给后代，这实际上也就是把父母代的遗传信息传给了后代，使后代在个体发育过程中，由于受到父母亲基因的控制而表现出与之相似的性状。

既然基因负责生物性状的遗传，现在人们又发现DNA是遗传物质。人们会很自然地想到，DNA和基因又有什么关系呢？

## ● 精巧的结构

DNA是遗传物质。那么，什么是DNA？为什么它能作为遗传物质呢？原来，核酸是一种大分子的化合物，它和蛋白质一样，是生命最重要的基本物质。无论是肉眼看不见的微生物，还是鸟、兽、鱼、虫以至人的细胞里，无不含有核酸。按照化学成分，核酸可分为两大类：核糖核酸（简称RNA）和脱氧核糖核酸（也就是DNA）。

这两种核酸都是由核苷酸组成的化合物。这好比核酸是一幢雄伟的大厦，它的"砖块"就是核苷酸。核苷酸又是由什么构成的呢？核苷酸是由核苷和磷酸相连而成的，其中核苷又包括碱基和戊糖，即：碱基+戊糖→核苷；核苷+磷酸→核苷酸。构成DNA的碱基主要有四种：腺嘌呤（简称A）、鸟嘌呤（简称G）、胞嘧啶（简称C）和胸腺嘧啶（简称T）。构成RNA的碱基

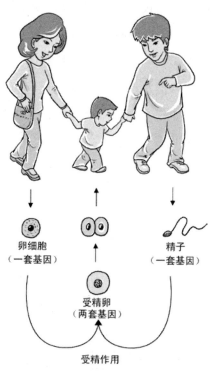

卵细胞
（一套基因）

精子
（一套基因）

受精卵
（两套基因）

受精作用

**父母代将遗传基因传给后代**

多数与构成DNA的碱基相同，只有一种不同，即RNA有尿嘧啶（简称U），而无胸腺嘧啶。两种核酸中的戊糖是不同的，RNA是核糖，DNA是脱氧核糖。DNA和RNA的"大厦"就是由四种核苷酸按照一定的顺序，首尾相接建造的，它形成一个长链状的分子。自然界中核酸分子所含的核苷酸数目相差十分悬殊，少则几十个，多则几千个，乃至几万个。

如果我们仔细观察DNA分子的长链，会发现奥妙就在碱基上。生物界中的DNA分子是各不相同的，其区别不仅在于它们所含有的四种碱基数量不同，而且还在于这些碱基前后排列顺序也不相同。这四种碱基的不同排列顺序非常重要。正如在电报通讯中仅靠"长声"和"短声"的不同排列，"嘀嗒嗒，嘀嗒嗒……"就可以通过电报"密码"来传递各种"信息"（电文内容）一样，四种碱基的不同排列顺序也可以表达各种各样的遗传信息。一个DNA分子含有成千上万的碱基，这四种碱基便以变化多端的排列方式，"描绘"出错综复杂、琳琅满目的生物世界。

● 伟大的发现

DNA是主要的遗传物质，它以丰富多彩的核苷酸排列顺序贮存着各种各样的遗传信息。那么，DNA又是如何把生命的遗传信息传递下去的？DNA的结构又是什么样子的呢？

这一具有伟大科学价值的研究课题，吸引着世界各国的科学家。在20世纪50年代初期，当时有几个研究小组同时进行着

DNA结构的分析工作，他们都试图建立DNA的分子模型。这些研究小组中有美国的化学家鲍林领导的研究小组；有设备条件非常好、X射线衍射分析工作非常出色的世界一流的英国皇家学院的著名科学家威尔金斯和福兰克林的小组；还有英国剑桥大学的两位年轻的科学家沃森和克里克的小组。他们都热衷于这项研究工作，于是在科学研究中展开了激烈的"竞赛"。最后，两位年轻人沃森和克里克胜利了。在1953年，他们一举成功地提出了DNA双螺旋结构模型，这个模型较好地说明了DNA的复制以及其"传种接代"的千古之谜，这件事轰动了整个世界。

年轻的沃森和克里克为什么能超越"对手"，获得伟大的发现呢？

首先，沃森和克里克具有很强的事业心，有勇于进行科学探索的精神。沃森是美国人，生于1928年，1947年毕业于美国芝加哥大学动物学系，后来又到著名的科学家卢里亚领导的研究室进行噬菌体的研究，不久获得了博士学位。当艾弗利等人证明能使细菌类型转化的遗传物质就是DNA时，他强烈地意识到："阐明DNA的化学结构，在了解基因如何复制上，将是主要的一步。"于是，沃森便产生了揭开DNA结构奥秘的迫切愿望。特别是1951年他有机会到意大利参加生物大分子结构学术会议，听到英国皇家学院威尔金斯关于DNA X光衍射分析的学术报告，受到很大启发，他决心从事这方面的研究工作。1951年秋，当时23岁的沃森从美国来到英国剑桥大学卡文迪什研究所留学。这个研究所也是当时世界上有关X射线分析声誉最高的研究机构之一。在这里沃森会见了35岁的物理学家克里克。克里克是英国人，生于1916年，曾在英国伦敦大学学习物理和数学。第二次世界大战以后，他的兴趣开始转向生物学，他想把物理学的知识应用到生物学方面来。于是在导师指导下，克里克开始从事生物大分子结构方面的研究工作，并开始热衷于DNA结构的研究。正是探索DNA结构之谜这个共同的志趣，使沃森和克里克两人夜以继日地工作着，他们终于取得了令世人瞩目的伟大成就。

其次，沃森和克里克在剑桥大学相遇后，一个是生物学家，一个是物理学家，这样两位学者在一间办公室里工作，一起讨论学术问题，这无疑开阔了他们的思路，也更加丰富了他们的科学想象力，这也是他们在科学上取得成功的原因之一。沃森在他的著作《双螺旋》中，对克里克有一段描述："某天上午休息时，弗朗西斯·克里克安静地、深深地沉浸在数学之中。午饭时，他因头剧烈疼痛回到家中治疗。他坐在煤气炉前无所事事，很快就厌烦了，于是又开始工作。使他兴奋的是，他忽然发现了答案……可是，他不得不停下来同他的妻子去参

沃森和克里克为20世纪生命科学做出了最伟大的发现

加一个葡萄酒品尝晚会。他在回家的路上就开始寻思，把DNA想象为一种螺旋结构。"与此同时，沃森也开始试验用X射线来拍摄能显示DNA结构的照片。1952年6月的一个晚上，他为一张拍下的照片显影。他在书中描写了当时的情景："当我拿着还湿着的照片放在灯前时，我明白了我们得到了它。螺旋的特征相当明显……第二天早上，我焦急地等待着弗朗西斯的到来，见到他后，他不到10秒钟就同意了我的看法。"沃森和克里克就这样相互配合默契地工作。而威尔金斯和福兰克林则不然，他们虽然同时都在英国皇家学院德尔领导的实验室里工作，都进行DNA分子结构的研究，但他们之间却没有什么合作，从不交流，致使他们出色的研究未能很快地取得应该得到的成果。

另外，沃森和克里克这两位年轻人不墨守成规，敢于大胆创新，敢与权威争高低。就在他们紧张工作的时候，在美国的鲍林宣称他做出了DNA结构的模型。他的模型不是两条螺旋线，而是三条。克里克和沃森认为这个模型不一定正确，因为他们两人也曾建立过这样的模型。他们肯定，尽管鲍林是一位伟大的化学家，但他搞错了。于是他们便想：一定要赶在鲍林的前面，改正错误，建立一个新的分子模型。沃森说："我们当时的希望就是其他科学家不要太怀疑这个大人物的模型的细节……在莱纳斯·鲍林重新进入竞赛前，我们有6个星期就能把一切都搞出来。"

在沃森和克里克加紧研究的过程中，他们非常谦虚，善于吸收前人所研究的科学成就，开阔思路，不断改进自己的工作。最初，他们设想，DNA是一个由三条磷酸糖链组成的螺旋型大分子。他们赶制了一个模型，然后邀请威尔金斯和福兰克

林来参观讨论他们的分子模型，结果发现把DNA的含水量计算少了，使DNA的密度变大，从而错误地把DNA分子结构定为三股链。沃森和克里克第一次模型的建立便宣告失败了。但他们并不灰心，仍大量地分析和研究各种资料，进行更深入的科学研究。当时有许多科学家的工作对他们启发非常大。1952年7月，克里克从正在剑桥访问的美国科学家查哥夫那里得知，通过对各种生物的DNA成分分析证明，DNA所含的四种嘌呤和嘧啶碱基并不相等，但嘌呤和嘧啶两类碱基之间的比例却是恒定的。克里克抓住这个重要根据，推导出在DNA分子结构中，"碱基配对"的重要法则。克里克还曾请求一位年轻的数学家对DNA分子碱基间的吸引力进行计算，从计算结果中他们认识到碱基分子并不是乱堆在一起的，而是通过氢键（一种化学键）相连，并且碱基相连是边靠边，嘌呤有吸引嘧啶的趋势。特别是在1953年2月，沃森他们有机会看到了威尔金斯拍摄的非常清晰的X射线衍射照片。这张DNA照片真是"雪中送炭！"沃森写道："我看到照片的时候，不禁张大了嘴，心脏剧烈跳动。这张照片恰恰显示了一种螺旋形结构。"从这张高质量的照片中，他们很快得出了三点结论：

第一，DNA分子是一种螺旋形结构。

第二，这个螺旋直径为2纳米，大约每3.4纳米完成一个螺距，由于相邻核苷酸的间距是0.34纳米，因此每个螺距包含10个核苷酸。

第三，这个螺旋必定含有两条多核苷酸链，即是一种双链形式。

沃森和克里克根据以上分析，开始动手试制模型。在一个星期里，这两个人的脑子里只有DNA，甚至在电影院里沃森还念念不忘他的神秘分子。DNA中脱氧核糖和磷酸相间排列成一条链子，位于DNA螺旋的外层。DNA中还有四种碱基——克里克和沃森将它们简称为A、G、C、T。困难的是这四种碱基差别甚大，很难确定它们在模型中的空间位置。开始，沃森想以"同配"的方案，也就是嘌呤碱与嘌呤碱吸引配对，嘧啶碱与嘧啶碱吸引配对，实际结果是模型空间装配不上。而A-T配对和G-C配对正好符合模型的空间装配。在这里他们发现了新的碱基配对原则：即腺嘌呤（A）总是和胸腺嘧啶（T）配对，鸟嘌呤（G）只能和胞嘧啶（C）配对；而且由氢键联系两条排列无规则的碱基序列，每个碱基对有规则地排在螺旋中间。就这样，新的DNA分子模型试制出来了。这个DNA分子模型既符合X光照片显示的各种数据，又符合科学原理。新模型不但说明了嘌呤和嘧啶为什么总是1∶1的原因，而且也为解释遗传物质怎样进行自我复制和决定性状找到了坚实的分子基础。

当著名科学家布雷格爵士看到这个DNA分子模型时，他马上变得像克里克和沃森一样激动起来。接着，威尔金斯也看到了这个模型，他也极为激动。威尔金斯和福兰克林赶紧回到自己的实验室，将这个模型与他们所做的X射线衍射照片资料做了比较，发现二者完全一致。这些科学家都准备公布他们的发现，而此时，美国的鲍林仍在为探索DNA的结构努力工作着，可惜已经落后了。

在这一重大成果公布之前，化学家鲍林就已知道剑桥的科学家们在"竞赛"中夺冠了。但他并没有懊丧，反而为这一重大科学成果的取得而由衷地高兴，他服从真理，承认自己所做

的结构模型是错误的，并把自己的儿子送到剑桥，拜克里克为师。鲍林表现出了一个科学家严谨的科学态度和高尚的情操。

1953年4月25日，沃森和克里克在《自然》杂志上发表了他们撰写的论文。这篇论文文字简练、朴素，只有1500多字。但它向全世界宣告：生命科学中的重要生物大分子——DNA是一种双螺旋结构。于是科学史上的一项伟大发现就这样诞生了。

为什么沃森和克里克能在科学上获得伟大的发现呢？坚实的基础，广泛的知识，大胆的设想，不断的进取，团结协作的精神，虚心求教的态度……这些，大概就是两位诺贝尔奖金获得者的"窍门"吧！

● 靠分子传种接代

DNA作为遗传物质可不是自封的，它具备了两个必需的条件：一个是它能够按照自己的"模样"复制自己，以便在细胞分裂时或形成性细胞时把复制出来的"信息复本"传给子代，保持物种的延续；其次，传递下去的"信息"在子代中还须能够表达出来，以表现遗传性状。DNA是如何实现这些遗传物质作用的，过去一直是个谜。直至1953年沃森和克里克提出了有名的DNA分子双螺旋结构模型以后，这个问题才得到解决。在这个模型中，DNA的结构好像是一个扭成麻花的螺旋形的梯子，两侧的扶手是由两条多核苷酸链上的糖和磷酸组成的，碱基在内侧，以氢键相连，犹如阶梯，其中A与T，G与C一一对应。即一条链上某一位置指定碱基是A时，另一条链上对应位置上的碱基必然是T，就像一副浇铸模子一样，有了一个凹面，就浇出一个凸面的物，形成一对一的对应关系，也叫碱基配对原则。

为什么碱基配对有严格的规定？其原因是两条链子间的 空间是一定的，其距离为2纳米。嘌呤和嘧啶的分子结构不同，嘌呤是双杂环化合物，分子量大，体积大，犹如一个"大胖子"；嘧啶是单杂环化合物，分子量小，体积小，犹如一个"小瘦子"。因此，若两条链上相对应的碱基都是嘌呤，那么所占的空间太大，就像两个"大胖子"同时挤在楼梯一处，挤不下；若两条链子上相对应的碱基都是嘧啶，则相距太远，不能形成氢键，就像两个"小瘦子"同时待在楼梯一处，太空了。所以必须A与T相连，其长度为2纳米，G与C相连，长度也是2纳米，碱基配对必须是由一个嘌呤与一个嘧啶组成。另外，A与T配对是通过两个氢键相连，G与C是通过三个氢键相连，因此碱基配对只能是A与T或G与C，不能是A与C或G与T。因为在氢键位置上彼此不相适应，所以

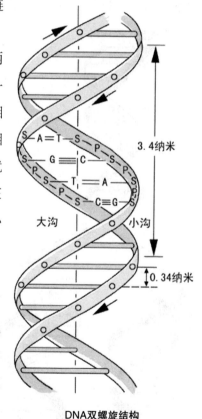

DNA双螺旋结构

A.腺嘌呤 T.胸腺嘧啶 G.鸟嘌呤

C.胞嘧啶 P.磷酸 S.脱氧核糖

在DNA分子中碱基的比例总是（A+G）/（T+C）=1，即嘌呤碱的分子总数等于嘧啶碱的分子总数，这样就互补配对形成为双链。正是由于DNA具有这种独特的结构，所以它便有了自我复制的本领。

那么，DNA是如何复制的呢？首先DNA在解旋酶（一种特殊的蛋白质）的作用下，两条螺旋链解开（叫解旋），成为两套模板。于是根据碱基配对原则，在聚合酶的帮助下，一个个单独的核苷酸纷纷进入相应的位置，形成两条新链，再经新旧链的螺旋化，便由一个DNA分子复制出两个一模一样的DNA分子。当然，这个新的DNA分子，既非"父母"自己原来的，又非崭新的，而是半新半旧的复制品。这种DNA的复制方式叫半保留复制。细胞分裂时，复制出的新DNA分子便分配到两个细胞中去，这就是世上千差万别的生物在传种接代的家谱中，得以保持各自家族的相对"不变性"和"独特性"的原因。

关于DNA的复制本领，现已通过人工合成DNA的实验得到了完全的证实。1956年，

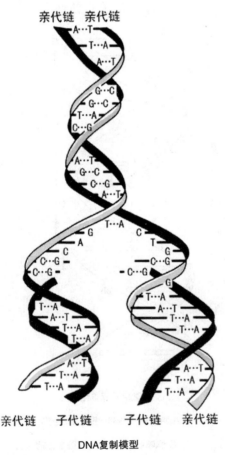

DNA复制模型

美国科学家恩伯格用寄生在大肠杆菌上的一种噬菌体的DNA作为"模板"，用四种核苷酸作为原料，加入适当的能量（ATP），在大肠杆菌DNA聚合酶的作用下，竟然在试管中成功地合成了这种噬菌体的DNA。人工合成的这种DNA还有生物活性呢！如果用它侵染大肠杆菌，它就能在大肠杆菌体内繁殖，传种接代。

● 高超的本领

神奇的遗传物质DNA不仅能够自我复制将遗传信息传给后代，还能"指令"细胞合成自身生命活动所需要的一切蛋白质，表现出与亲代相似的性状，这在遗传学上叫基因的表达。上面谈到，在高等生物的细胞中，基因或DNA几乎全部集中在细胞核里，而蛋白质的合成却在细胞质中进行，中间隔着一层核膜。这就好像一个工厂，技术资料都存在档案室里，而车间里却要按照资料规定的工序进行生产。怎么办呢？将所需要的技术资料抄录一份送到车间去岂不是万事大吉了吗！实际上，生命正是这样进行的。承担这一任务的便是一种核糖核酸，叫"信使核糖核酸"（简称mRNA）。信使核糖核酸具有一种高超的本领，它能把DNA上合成蛋白质的密码抄录下来，这个过程叫"转录"。然后信使核糖核酸作为DNA的"全权代表"，携带这个遗传信息从细胞核中被"派往"细胞质。正是由于它能传递信息，所以才得到信使核糖核酸的美名。

那么，DNA是如何把遗传信息传给信使核糖核酸的呢？DNA的转录技巧是很高超的。所谓转录就是指遗传信息由DNA

录制到mRNA上。通过研究知道，信使核糖核酸只有一条单链，链上核苷酸的碱基跟脱氧核糖核酸的碱基仅是一"字"之差：核糖核酸没有胸腺嘧啶（T），而有尿嘧啶（U）。因此，脱氧核糖核酸传递遗传信息时，碱基配对就多了一个新规律：A对U，其余仍按G对C、T对A进行。这个过程好比底片转印照片似的，于是人们便起名叫"转录"。

转录而成的信使RNA从细胞核进入细胞质后便可以指导蛋白质的合成了。然而，实际过程要费一些周折，这是因为蛋白质和核酸是不同的生物大分子，核酸文字与蛋白质文字就像"不同国家文字"一样，也有所不同。构成蛋白质文字的"字母"是氨基酸，蛋白质是由20种氨基酸组成的。所以可以说，蛋白质的文字是由20个"氨基酸字母"编码的。而核酸是由4种核苷酸组成的，所以核酸文字是由4种"核苷酸字母"编码的。那么，核酸是怎样决定蛋白质合成的呢？也就是说，如何把由4个核苷酸字母组成的核酸文字翻译成由20个氨基酸字母组成的蛋白质文字呢？这里就有个翻译的规则。科学家们发现遗传密码是由3个字母（也就是3个碱基）组成的三联体密码，即每个"密码子"由3个字母组成，也就是说3个相邻的核苷酸决定一种氨基酸。例如，赖氨酸的遗传密码是AAA，甘氨酸是GGG，精氨酸是AAG……从而编制出一本密码字典。令人惊奇的是，成千上万种生物用的基本上都是这一套密码。这一点具有非常重大的意义，有关这方面的事情我们后面再谈。

在生物的蛋白质合成中，有翻译的准则。那由谁来担任翻译呢？实际上，通晓蛋白质和核酸两种文字的"译员"是另外一种核糖核酸，叫转移RNA（简称tRNA）。转移核糖核酸不仅具有"翻译"的作用，而且还能将蛋白质合成的原料——氨基酸搬运到蛋白质合成的地点去对号入座，它还起着"搬运工"的作用。至于翻译工作的场所，就在细胞质内核糖体上。核糖体是一种微小的颗粒，它是合成蛋白质的"车间"。核糖体中又含有另外一种核糖核酸，叫核糖体RNA（简称rRNA）。核糖体RNA是"装配员"，氨基酸在它的调度下就可装配成蛋白质。

下面就让我们来看看蛋白质是怎样合成的。首先，携带合成蛋白质密码的信使RNA从细胞核来到细胞质后，其一端和核糖体相连。核糖体像是一个"电影院"，里面有许多事先规定好的带有号码的座位。下面，便轮到氨基酸按信使RNA抄录的密码（即座位号码）"对号入座"了。可惜的是，氨基酸像个幼儿似的，不认识自己的座位号码，而要靠"大人"携带前往入座，这个"大人"就是转移RNA。转移RNA借助有惊人识别能力的酶，将相应的氨基酸连到自己身上，并运送到核糖体上去，这就像父母能认识自己的孩子一样，将孩子抱在怀里去找该坐的座位。细胞内既然有20种氨基酸，那

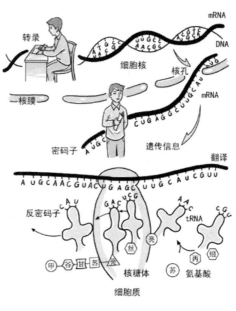

**蛋白质合成过程示意图**

就至少有20种相应的转移RNA及其特殊的酶。

转移RNA把氨基酸"领到"核糖体那里后，又是怎样辨认"座号"的呢？原来，转移RNA分子里也有核苷酸的三联码，并恰好与信使RNA分子上该氨基酸的"密码子"相互呼应，称之为"反密码子"。密码子与反密码子当然是"似曾相识"的了。例如，我们从密码字典中可以查到信使RNA上苯丙氨基酸（也叫苯丙氨酸）的密码子是UUC，相应的转移RNA上的反密码子则是AAG，根据碱基互补配对原则，正好U与A，C与G是互相匹配的。于是，随着核糖体和信使RNA的运动，带有氨基酸的转移RNA从核糖体一边进入，然后"放下"氨基酸，失去氨基酸的转移RNA便从核糖体的另一边离去。这就如同父母把孩子安置在电影院的座位上，大人不看电影而离开了一样。这时，按信使RNA上密码的顺序一个接一个"对号入座"的氨基酸，通过氨基和羧基的结合，形成多肽链，然后脱离核糖体。就像幼儿园的小朋友一样手拉手地相继连接起来，最后按照信使RAN的"指示"，合成了某种蛋白质分子。这样，氨基酸"砖块"便按原来DNA"蓝图"，建成了蛋白质分子的"宏伟大厦"。

从以上蛋白质的合成过程我们可以看出，基因的表达，也就是遗传信息的传递方向是：

DNA（基因）$\xrightarrow{\text{转录}}$ 信使RNA $\xrightarrow{\text{翻译}}$ 蛋白质（性状）

这个过程称为遗传的"中心法则"。遗传的中心法则具有十分重大的实践意义。如果我们把蛋白质的合成看成生物的"施工"过程，那么，施工的"蓝图"就是DNA，这样我们就可以着手修改或绘制新的"蓝图"，以改变DNA的碱基排列顺序，从而合成新的蛋白质，也就实现了改造现有生物、创造新生物的目的。关于这一点，目前也是科学家们研究的主要内容之一。

● 扑克牌带来的启示

　　了解了蛋白质的合成过程，你可能会提出这样一个问题：为什么遗传密码是三联体密码呢？提起解读密码，人们马上会想到战争时期的间谍活动，谍报人员从杂乱无章的数字或符号中寻找出某种意思。生命的密码与敌人的情报不一样，生命的密码是隐藏于自身的密码，揭开它的秘密更不是一件容易的事。

　　自从20世纪50年代末至60年代初，科学家们对遗传密码的解读发生了浓厚的兴趣。在密电码传递信息的启发下，美国物理学家盖莫夫首先对这个问题进行了挑战。盖莫夫既不是生物学家，也不是实验科学家，他只能从理论上用简单的数学演算方法尝试密码的解读。盖莫夫没有用核酸的碱基A、T、G、C符号，而是用扑克牌中的梅花、黑桃、方块和红桃来代替。他设想，如果每种纸牌与1种氨基酸相对应，那么只能产生4种氨基酸，"门不当，户不对"。氨基酸有20种，碱基只有4种，不可能一一对应，1个字母（碱基）与1种氨基酸相对应是不可能的。那么，2个碱基与1种氨基酸对应又如何呢？$4 \times 4 = 16$，只能产生16种氨基酸，还不够数。因此，盖莫夫认为可能是3个碱基决定1种氨基酸。3种碱基组合的方式有$4^3 = 64$，也就是说可以产生64种氨基酸。这又比20种氨基酸的数字大了2倍以上，怎样解决这个矛盾呢？于是他又假设1种氨基酸可以用几组碱基密码来表达，这样便把氨基酸和碱基组对应了起来，整个假设的数学

形式也就很完美了。

但是，这纯粹是想当然的数学假说。究竟在生物体内是否是事实呢？难道一个千古之谜就这样轻易地被一个生物学的"外行"解开了吗？

1958年，当盖莫夫的假说几乎被人们遗忘的时候，克里克出人意料地提出了生命信息传递的"中心法则"，他确认遗传密码存在于DNA中，并被转录到RNA上，在蛋白质的合成中，RNA上的每3个碱基像密码子一样，决定着某种氨基酸，同时又决定着蛋白质的种类。克里克提出这个法则以后，虽然被公认了，但仍面临着一项重大的任务：某种氨基酸的产生，究竟是哪3个碱基的怎样的排列组合呢？也就是说，构成遗传密码的基本内容到底是什么呢？

在20世纪60年代第一个春天，美国著名科学家尼伦伯格领导的生物化学研究小组，应用人工合成核苷酸链进行蛋白质合成实验首战告捷。他们首先合成了全由一种尿嘧啶核苷酸组成的RNA链，比如UUUUUU……利用它在试管中合成了全是由苯丙氨酸组成的肽链。从而确定了苯丙氨酸的密码是UUU，终于破译了第一个遗传密码。以后，尼伦伯格和另外一些实验小组用相似的方法进行着蛋白质合成试验。如用人工合成的AAAAAA……链，在试管中

| 遗传密码 | | | | |
|---|---|---|---|---|
| | U | C | A | G |
| U | 苯丙,,亮,, | 丝,,,,, | 酪,0,0,0 | 半胱,0色 | UCAG |
| C | 亮,,,,, | 脯,,,,, | 组,,谷酰 | 精,,,, | UCAG |
| A | 异亮,,甲硫 | 苏,,,, | 天酰,赖 | 丝,,精 | UCAG |
| G | 缬,,,, | 丙,,,, | 天门冬,谷 | 甘,,,, | UCAG |

遗传密码表

合成的全是由赖氨酸组成的蛋白质；用CCCCCC……合成的全是由脯氨酸组成的蛋白质。这样便又了解到：AAA是赖氨酸的密码；CCC是脯氨酸的密码。然后利用各种核苷酸的搭配，最终找出了64种密码子对应的氨基酸，编出了一本"密码字典"。在这个"密码字典"中，左、上、右三面的U、C、A、G字母都代表RNA碱基。因为细胞里合成蛋白质时，是由RNA到DNA那里转录出的副本，所以知道副本就可以推算正本的内容。查"密码字典"的时候，你先取左边（第一个碱基）一个字母，再取上面（第二个碱基）的一个字母，最后取右边（第三个碱基）的一个字母，合起来就是一个氨基酸，也就是一个"字"。例如CUU代表亮氨酸、CCC代表脯氨酸、CAU代表组氨酸、CGA代表精氨酸……从"密码字典"中可以看出，除甲硫氨酸和色氨酸外，其他氨基酸都具有两组以上的对应密码子。更有趣的是，密码里还有句号，没有对应的氨基酸，用来表示氨基酸连成一个段落，蛋白质合成到此为止。这部"天书"的发现，使生物学家们惊叹不已，生命的密码竟如此精密无瑕。

然而，科学家们又面临着一个严肃的问题：这些在生物体外破译的密码与生物体内的是否一致呢？美国的一些科学研究小组很快就解答了这个问题。他们以大肠杆菌和噬菌体为研究对象，在试验过程中积累了大量的资料，并对此进行了详细的分析、对照，他们兴奋地发现，通过体外试验破译的密码，跟在大肠杆菌和噬菌体中检测出的密码完全吻合。

更令人瞠目结舌的是，从大肠杆菌和噬菌体上检测出的密码，竟然与地球上所有的生物都毫无两样（后来发现也有很少量差别）。这也就是说，整个生物界，从病毒到高等植物，从变形虫到人类，在细胞里合成蛋白质的基本原理是一致的，都包括两个基本步骤：转录和翻译；都用基本上相同的遗传密码；都涉及三种RNA；都用相同的能源；都需要相似的酶。特别是整个生物界的最基本的生命活动都服从于密码表的规定。因此，如果说19世纪30年代德国细胞学家施莱登和施旺确定的细胞学说（所有的生物都是由细胞构成的），是从细胞水平上论证了生物界的统一性，那么，20世纪60年代中期分子遗传学家们所揭露的遗传密码表则是从分子水平上论证了生物界的统一性。

遗传密码表的发现不仅具有重要的理论意义，而且具有重大的实践价值。因为既然生命密码在生物界是统一的，那么必然也是通用的。这样，在了解了核苷酸和氨基酸对应关系的基础上，人们才有可能去着手解决人工合成基因的问题，才有可能对生命的堡垒实行大胆突破。由于遗传密码在生物界是通用的，人们也才有可能实现不同生物之间的基因转移，从不同的生物里选取有用的基因，进行增删、修补和替换，从而创造出举世无双的新生物。例如，有人把烟草花叶病毒的密码放入大肠杆菌中，大肠杆菌就制造出了烟草花叶病毒蛋白质；有人把鸭子血红蛋白的信使RNA密码，注入兔子的卵细胞里，结果受精后发育出来的兔子的红细胞中出现了鸭子血红蛋白。有人把大老鼠的生长素基因注入到小老鼠的受精卵里，结果长出了大老鼠，而且代代相传。你看，发现生命密码的意义有多重大呀！世界人民为了感谢他们，对破译密码有功的科学家，如尼伦伯格、柯拉纳等都给予了极高的荣誉，使他们得到了科学最高的奖赏——诺贝尔奖。

● 调节与控制

　　一个DNA分子是否就是一个基因而仅贮存一种蛋白质的信息呢？其实不然。科学家们发现，一个DNA分子是很大的，其中含有很多基因，每个基因实际上是DNA分子中的某一特定的片段。这好比"铁路警察"各管一段，DNA在主管遗传这件事上，也采取"分段负责制"，它们各自负责一项遗传任务，这样的一段核酸，便称为一个基因。不同基因所含碱基对（A-T，C-G）的数量和排列顺序各不相同，因此也就执行不同的遗传任务。那么，一个生物有多少基因呢？有人估计，像最小的细菌病毒——$MS_2$噬菌体只有4个基因；大肠杆菌有7500个基因；人至少有5万~10万个基因。现在要问，一个生物具有成千上万个基因，那么是否全部基因同时都在不停地被转录翻译而合成蛋白质呢？其实，生物犹如一个组织严密的"工厂"，里面各道工序都受严格的控制，其活动是按顺序进行的。这也就是说，在生物的生长发育过程中，各种基因根据"需要"，按时间、空间以及内外环境条件的不同在表达上做到严格的选择，前后有序，按部就班，协调一致地发挥作用。比如说，植物在幼苗时，花瓣颜色的基因就不起作用；在根部也同样不起作用，只有植株开花时，分化出花瓣来，花瓣颜色的基因才起作用，这说明基因的活动具有一定的调节与控制。那么，基因的表达是怎样受到调节和控制的呢？

　　法国的两位科学家雅各布和莫诺详细地研究了大肠杆菌的基因调控。当他们用乳糖培养大肠杆菌时，细菌会借转录、翻译等过程合成出一种能分解乳糖的酶来。细菌就利用分解的乳糖来生长繁殖。但当乳糖用完了或改用葡萄糖培养时，细菌就不再生产这种酶了。这个现象说明，基因的表达是受各种因素调控的。在这个过程中，在某些外界因素的影响下，一些基因被"关闭"，一些基因被"打开"，因而使遗传信息在大肠杆菌的生命代谢活动、繁殖后代以及在对环境的适应中有节奏地发挥作用。经过雅各布和莫诺的反复研究，他们终于揭开了"庐山真面目"。原来，生物本身有一套"调节系统"。生物的基因不全是合成蛋白质的基因，基因之间有分工，有的基因管生产蛋白质，但有的基因管"调度"，专门负责调节或控制基因的活动，这类基因叫调节基因或操作基因。基因像个"大家族"，基因可以管基因。你看！生物体是多么奥妙啊！在深入研究的基础上，雅各布和莫诺提出了一个"操纵子"模型，来说明原核生物的调控系统。操纵子学说的提出，可以说揭开了生物活动的又一奥秘。

　　当然，对于更复杂的真核细胞，特别是对多细胞生物来说，生物的调节机制会更复杂。因为包括人类在内的真核多细胞生物，都是以被称为受精卵的一个细胞为基础生长发育而成的。也就是说，通过受精卵的无数次的细胞分裂，不断地增加细胞的数量，并分化出根、茎、叶、花、果或眼、耳、鼻、舌、身等各种器官和系统，最后发育成为一个成熟的个体。人类在出生时大约具有3万亿个细胞，发育成成人大约具有100万亿个细胞。这些细胞在形态上和功能上都是不一样的，既具有皮肤表面上平坦的起保护作用的细胞，又具有像肌肉细胞那样细长的负责运动的细胞。这样复杂的分化和发育过程，都是在基因的严格控制下进行的。为了揭开真核多细胞生物基因调控的奥秘，许多科学家已经向这座科学堡垒发起了进攻！当我们了解了基因表达的调控原理以后，就可以更自由地人工控制某些基因发挥作用，使它们生产我们所需要的一些产物，从而为人类服务。

● 变异的奥秘

　　生物虽然不是机器，但它像一台精密的"机器"，具有严格的调控系统，遗传信息的贮存、传递和表达是不会错乱的。因此，生物的遗传是比较稳定的。但是，我们常说"一母生九子，各个有别"，"一树结果有酸有甜"。在细胞分裂、染色体复制或基因复制、转录和翻译全过程中都有可能发生差错而产生变化。这种变化有的可能发生在染色体上，有的可能发生在DNA分子中，它们的变化都会使生物性状产生变异。变异可能对生物的生存不利，也可能是有利的。例如，有一种傻子叫"伸舌样痴呆"，这种人长着一副特殊的呆傻的面容，眼睛小，眼距宽，张口伸舌，流口水，智力低下。这种孩子只

先天愚型儿（傻子）的面容

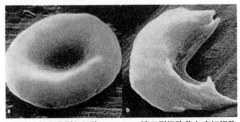

正常型红细胞　　　镰刀型细胞贫血症红细胞

两种红细胞的形状比较

会说"爸""妈"之类简单音节，不识数，没有抽象思维。这种人为什么会这样呢？如果我们把患者的细胞取出来，经过组织培养，然后在显微镜下仔细检查就会发现：原来是染色体出了毛病，这种人多了一条染色体，变成了47条染色体，因而得了这种染色体病。还有的人得了一种镰刀型贫血病，这是一种"分子病"。这种病人在氧气缺乏时，红血球会由正常圆盘形变成镰刀形。在严重的情况下，血球破裂，造成严重的贫血，往往引起死亡。这种病是由于基因突变而产生的一种遗传病。科学家们通过对病人红血球中血红蛋白分子的研究发现，原来这种病是由于一个氨基酸发生了变异而造成的，这个变异发生在血红蛋白分子的一条多肽链上，是一个谷氨酸被缬氨酸代替了。

为什么会产生氨基酸分子的改变呢？主要是由于控制合成血红蛋白分子的遗传物质DNA的碱基组成发生了改变，有一个密码CTT（谷氨酸）变成了CAT（缬氨酸），正是由于遗传密码发生了改变，所以才产生了病变。

我们了解了染色体变异和基因突变的分子机制，就可以通过人工的方法（理化因素等）进行诱变，设法引起生物体的遗传物质染色体或DNA的分子结构发生改变，来创造变异，培育新品种。目前发展起来的诱变育种就是以此为重要的理论依据的。

遗传的问题是相当复杂的，遗传奥秘的揭露只是初步的。随着科学的不断发展，人们对于遗传的认识将会更加深入。

# 四、生命密码破译术

在20世纪，可以说遗传学是专门研究基因的科学，其发展的主线是认识基因。从认识基因的存在，阐明基因的本质和研究基因的作用，一直到分离基因、操作基因和改变基因，这些对人类的生产和生活发挥了重大的作用。但是，科学家们通过对基因的研究发现，基因对生命的影响不是单一的，有必要扩展到对基因组进行研究。因此，从20世纪90年代开始，研究基因组已成为国际生物学的主要研究对象。

那么，什么是基因组呢？有的人认为基因组是一种病毒、细菌或者一个细胞核、细胞器内的全部信息内容；也有的人把基因组看作包含在一套单倍性染色体上的全部遗传基因；在细菌和病毒里，一般含有一个DNA分子，是单倍性的染色体，因此，有的人认为基因组就是细菌或病毒本身所含有的全部基因；在真核动植物细胞内含有两套染色体，是二倍体生物，因此，其中单倍的一套染色体上的全部基因就是一个基因组。人类基因组计划就是要了解我们的整个基因组，也就是发现与了解我们人类24条染色体（22条常染色体和X、Y两条性染色体）上所携带的全部基因，搞清楚这些基因在基因组的什么位置——"基因定位"；把每个基因都标在一张图上——"基因

作图"；把这些基因一个个拿出来，在试管里扩增放大再进行研究——"基因克隆"；把基因组所有基因的基本结构——DNA序列都搞清楚，最终了解每个基因的功能，这就是人类基因组计划的目的。要达到上述目的，涉及许多基因分析技术。

● DNA的"分子手术"

科学家们在对基因进行操作或基因组分析时，往往需要在DNA分子上进行剪接，在分子水平上进行设计"施工"。比如，一种细菌——流感嗜血杆菌的DNA，长度为0.832纳米。大肠杆菌的DNA也只有1.36纳米。DNA的厚度只有1纳米。也就是说，DNA的粗细只是缝衣针的四十万分之一或头发丝的十万分之一。对这样细微的物质进行分析或分离上面的基因是非常不容易的，它实际上是要进行比显微外科手术还要精细得多的一种"分子手术"。

为了在DNA分子上"动手术"，科学家们绞尽了脑汁，经过反复的试验研究，他们终于发现了一种"分子剪刀"。这种"分子剪刀"当然不是用钢铁做成的普通剪刀，也不是用金钢石制的玻璃刀，而是一种专门把DNA切成碎片的酶，它的名字叫"DNA限制性内切酶"（简称内切酶）。

内切酶是研究基因或进行基因工程"施工"的一把"宝刀"。它有两个特别高超的本领。一个是，它好像长了眼睛一样，会识别DNA上某种核苷酸的顺序和位置；第二个本领是能在这个位置上使用"法力"将DNA分子一刀两断。例如有一种内切酶，能识别6对核苷酸的顺序，并且只在特定的位置上将其切断。

在一个DNA分子的长链中，由于出现这样6对核苷酸特殊排列的机会很少，大约每隔几千对核苷酸才出现一次。因此用这种内切酶切下来的DNA片段，大约含有几千对核苷酸。它比一般基因所含的1000~2000对核苷酸的长度略长些，所以用内切酶可以完整地切下一个或几个基因，正好符合基因研究的要求。

科学家们发现，用这种酶"动手术"进行切割，切口不平，是交错切割的。切后，产生两个双链的DNA片段，一个上面露出-A-A-T-T-的单链"尾巴"；一个下面露出-T-T-A-A-的单链"尾巴"。如果仔细观察就会发现，这两条单链"尾巴"的核苷酸排列顺序正好相互颠倒，而且正好"互补"。如果再把它们混合在一起时，这种单链"尾巴"又会相互对准进行碱基配对，因此人们把这种单链尾巴叫作"黏性末端"。

有人或许要问，既然生物体内存在着限制性内切酶，那么它们自己的DNA链又为什么不被切断呢？原来限制性内切酶中还有另外一种起"保护作用"的酶，它能把自身DNA链中的内切酶识别位点保护起来，不被切断。由此我们说，生物自身还有一套严密的防御体系，它像公安警察一样，对外来敌人和罪犯，给予严厉处罚和打击；对自己的人民却是百般的体贴和爱护。

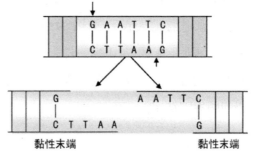

内切酶交错切割示意图

目前，科学家们

已在不同生物中发现了几百种这种"爱憎分明"的限制性内切酶。由于有了形形色色的"分子剪刀",人们就可以随心所欲地进行DNA分子长链的切割了。

在进行基因工程和研究基因时,有时需要把一种生物的DNA片段与另一种生物的DNA片段连接起来,需要缝合人工合成DNA链为完整的DNA分子。好像缝纫师做衣服时,按照设计好的样式,先把布裁成一块一块的,然后再把它们缝起来。可是DNA分子的片段特别小,摸不着,看不到。怎么把它们缝合在一起呢?"世上无难事,只怕有心人。"为了完成这个特殊使命,科学家们发现了一种巧妙的"分子针线"——DNA连接酶,用它可以完成精细的难以想象的工作。

上面谈到,用内切酶切出来的DNA片段带有一段可以互补的单链"尾巴"。如果用同一种内切酶分别把两种来源不同的DNA切成片段,然后再把它们混合起来,它们会通过"尾巴"互相识别,自动靠拢,碱基配对。不过末端与末端之间还留有"空隙",有待缝合。连接酶就是专门"缝合"这种空隙的"分子针线"。它能在两个DNA片段的末端之间"架起桥梁",把它们连接起来。因此,只要用同一种内切酶切割的两种DNA片段加上这种DNA连接酶,它就像"神针神线"一样,会把片段连接得天衣无缝。DNA连接酶也是从生物体内提取出来的一种酶。它和内切酶一样是进行基因工程和分子生物学研究的重要工具。有人称它们为"工具酶",赞誉它们为分子工程的两大"法宝"。

## ● "钓"基因

所谓"钓"基因,就是从生物的细胞(也叫供体细胞)中将所需要的"目的基因"提取出来,这是研究基因重要的一步,也是进行基因工程的关键步骤。"巧妇难为无米之炊",拿到基因是分析基因的先决条件。

但是,从生物的细胞里分离基因是很不容易的。首先遇到的第一个难题是:染色体上的基因数量太多。即使简单的单细胞生物,像细菌的染色体上也有数千种基因;多细胞生物的细胞里基因就更多了,有上万种基因,人就有5万~10万个基因。这些功能不同的基因,在化学结构上都是由4种核苷酸组成的,性质极为相似,因此分开它们是很难的。第二个难题是每一种基因的数量又太少,比如血液中血红蛋白的珠蛋白基因,只占细胞染色体DNA的1%。要从种类如此繁多、数量又这样稀少的基因中分离

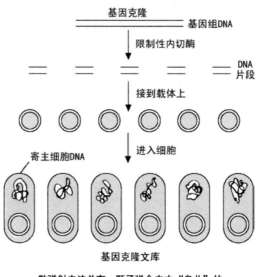

基因克隆
基因组DNA
限制性内切酶
DNA
片段
接到载体上
寄主细胞DNA
进入细胞
基因克隆文库

散弹射击法总有一颗子弹会击中"鸟儿"的

出我们需要的基因，犹如大海捞针，确实不易。这好比一个养鱼池，水中养的鱼种类很多，但每种鱼的数量却很少，要想从庞大的鱼群中钓出一种所喜爱的鱼，机会是很少的。

不过，科学家们自有妙法，经过一番探索，终于想出了一些"绝招"，目前已掌握了几种钓取基因的方法。概括来说，主要有两种方法：一种是从染色体上将基因分离出来；一种是人工合成基因。

从染色体上分离基因有几种方法。如果某种基因的数量很多，科学家们就采用"差速离心"的方法，提取这类基因。这是由于各种基因含有的碱基成分不同，重量不一样，可以通过离心机采取不同转数离心（也叫差速离心），这样便把"切"下来的不同基因分离开了。这是一种比较简便的方法。可是大多数基因数量很少，有的只有1~2个，分离钓取这类基因常用的有效方法叫"散弹射击法"或"切碎法"。这种方法实际上是将DNA用物理方法如超声波、挤压等，或者用内切酶切成一个个片段，然后将这些片段统统用基因工程方法转入细菌细胞中去，让其繁殖。根据基因所表现的特点，筛选出含有所需基因的新菌株，再从这些新菌株中回收基因。因为这种方法像用火枪打鸟似的，一枪打出许多散弹，总有一颗子弹会打中"鸟儿"——需要的基因，因此这种钓取基因的方法也叫"火枪打鸟法"。

还有一种用探针"钓"取基因的方法。可能大家对"探针"这个名词比较生疏，而对"探头"并不陌生。扫雷器就是用一种特殊的探头，探测地雷所在位置。而用于"钓"基因的探头，它的专业名字不叫探头，而叫"探针"。从名字上看，探针像一种针，实际上它不是针，而是一段特殊DNA片段。要"钓"出某个已知碱基序列的基因，人们就可以先合成一小段碱基序列，使它的碱基序列和要"钓"的基因某段关键的碱基序列有互补关系，也就是符合碱基配对原则。这段碱基序列就相当于"吸铁石"。为了好识别，还需要给这一小段碱基序列打上标记。标记有各种各样的方法，如果是放射性标记，就借助于放射自显影鉴定；如果是荧光标记，就借助于荧光显微镜观察；如果是酶标记，就借助于化学反应来识别。这种带有

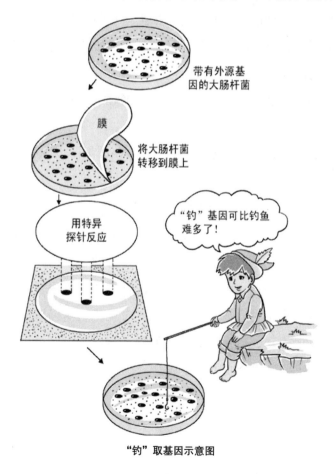

带有外源基因的大肠杆菌

将大肠杆菌转移到膜上

膜

用特异探针反应

"钓"基因可比钓鱼难多了！

"钓"取基因示意图

标记的小段特殊DNA片段，就是基因探针。当我们把一种基因探针和众多基因的DNA片段混合在一起时，就可以"大海捞针"，这种探针就能特异地和它的目标基因相结合。由于它身上带有标记，科学家们便很容易知道要找的基因在什么地方，然后再采取一些措施把它分离出来。

下面，再看看人工合成基因，采用这种方法必须先搞清楚基因的核苷酸顺序。了解基因的核苷酸顺序，可以通过一种精密的仪器——DNA序列分析仪对提取出来的基因进行核苷酸序列分析。另一种通用的方法是，根据核苷酸和蛋白质氨基酸的对应关系，也就是按照遗传密码，从蛋白质的氨基酸顺序来推断基因的核苷酸顺序。比如一种脑激素蛋白质：

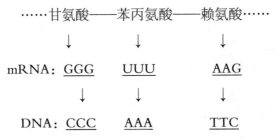

……甘氨酸——苯丙氨酸——赖氨酸……
↓ ↓ ↓
mRNA: GGG UUU AAG
↓ ↓ ↓
DNA: CCC AAA TTC

从蛋白质氨基酸序列推断基因（DNA）的核苷酸顺序。通过分析知道它是由14个氨基酸按一定排列顺序构成的，根据三联体密码的规定，就可以推断它的基因的核苷酸顺序。一个氨基酸往往有多种密码，一般选用其占优势的密码形式，然后通过化学的方法，以单核苷酸为原料，合成基因。采用这种方法，科学家们陆续合成了许多基因。

● 高速公路上诞生的"伟大灵感"

你看过一部风靡世界的美国科幻电影——《侏罗纪公园》吗？影片中，古生物学家用恐龙化石的DNA，复制出了已灭绝几千万年的恐龙，人与恐龙又同时生活在地球上……

既然基因可以在体内随着细胞的"复制"没完没了地复制自己，也一定可以在体外实现基因的大量复制。科学家们希望能像复印机复印文件一样，用一种"基因复印机"大量"拷贝"基因。

"拷贝基因"是一个专业术语，其实就是"复制基因"，也叫基因克隆。复制基因太重要了，因DNA是肉眼看不到的分子，基因又是DNA上的一个片段，如果只研究一个基因，DNA片段的数量太少，很难进行研究和基因操作。以往，要想得到大量增殖的基因，首先要把它搭载到"基因"运输车——质粒上，再送到大肠杆菌内，借助于大肠杆菌的繁殖使基因得到扩增。但即使分裂速度很快的大肠杆菌，分裂一次也要40分钟。而要想得到大肠杆菌复制的基因，还要经过核酸的抽提、纯化等烦琐的步骤，操作起来实在麻烦。如果能在体外很方便地复制基因，那就方便多了。

"天下无难事，只怕有心人。"美国化学家穆里斯经过不懈的探索，终于发明了一种PCR基因扩增技术。PCR是聚合酶链式反应的英文缩写，这个技术简单地说，是在试管中以连续

反应的方式，在短时间内把一个特定的DNA分子扩增几百万倍甚至几十亿倍的方法。PCR技术的出现不仅大大简化了DNA克隆和测序的过程，有利地扩展了重组DNA技术的应用范围，而且开始在人类生活的许多方面得到了越来越多的直接应用。由于这项技术改变了分子生物学研究与应用的各个方面，影响十分重大，发明者穆里斯于1993年获得诺贝尔化学奖。从1984年发明这项技术到1993年获诺贝尔奖相隔不过10年，一项技术在如此短的时间里得到科学界的认可，在诺贝尔奖的历史上也不多见。这是因为PCR技术诞生以后在各方面的应用像"链式反应"一样急剧扩展，所以才得以获此殊荣。

穆里斯怎么能够做出这么重大的发明呢？可以说他是一个科学奇才。穆里斯于1944年出生在美国北卡罗来纳州，后来在南卡罗来纳州度过了童年。他非常热爱学习，受家庭和老师们的熏陶，功课一直不错，回忆高中时代，穆里斯最喜欢制造土火箭，他非常感谢中学时代的自然科学老师，因为这位老师曾不断地鼓励学生们去探索不知道的事情。1963年，他去佐治亚理工学院上大学，专攻化学工程。他在学校学得不错，除化学外，他还对物理（包括宇宙学）发生了浓厚兴趣。1966年，穆里斯去加州大学伯克利分校攻读生化专业的博士学位，在学校里他把大部分时间花在实验室里，做了大量有机合成实验。他撰写的博士论文题目是"微生物铁转运因子的结构与有机合成"。他说："我喜欢干些从来没人干的事情……我不怎么关心所合成的物质是什么，只要它是新东西。"穆里斯的探索精神和创新意识对他以后的事业起了至关重要的作用。博士毕业后，穆里斯一直在西特斯公司工作。他关于PCR技术的最初灵

感是在高速公路上驾
驶汽车兜风时想出来
的。他认为自己驾车
时灵感最丰富，这个
伟大的灵感仅仅得到
了1万美元的报酬。
业余时，穆里斯是一
个狂热的冲浪运动爱
好者，不安分的性格
使他不愿意受到任何
约束，于是他辞去了
西特斯公司的工作，

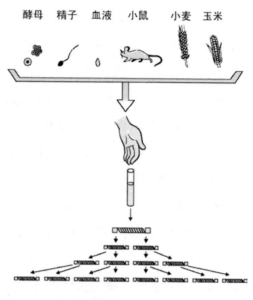

酵母　精子　血液　小鼠　　小麦　玉米

聚合酶链式反应示意图

并且拒绝与任何生物技术机构或公司结合，成了一个自由职业
者。现在，这位科学奇才一边周游世界，一边在宇宙学、数
学、病毒学和人工智能等领域发表演讲和进行咨询。

　　那么，穆里斯的灵感是什么？什么叫聚合酶链式反应呢？

　　科学家们研究发现，DNA分子具有一种特殊的本领，在
高温（90~100摄氏度）下，不用DNA解旋酶，双链DNA就会
自动解旋，变成两条单链DNA，这种现象分子遗传学上叫"变
性"；相反，在低温条件下，两条单链DNA又会配对结合，恢
复原来的双链DNA分子，这种情况分子遗传学上叫"复性"。
这好比一对夫妻因为某件事不合吵架分居了，后来经过调解又
和好了，又恢复了夫妻生活。根据DNA的这种性质，于是穆里
斯设想，能不能把体内的DNA复制过程在体外进行模拟。他
设想的方案是这样的：第一步，先在94~95摄氏度下，让双链

DNA变性解链，形成单链DNA，这时向单链DNA溶液中加一些引物，即四种脱氧核糖核苷酸和DNA聚合酶；第二步，把温度降至50~60摄氏度，使DNA慢慢复性，这时引物便与单链DNA结合；第三步，把温度调至72摄氏度，这时DNA聚合酶便以单链DNA为模板，四种核苷酸为原料延伸合成新的DNA分子，以后，它又作为模板进入下一个三步循环。这样，通过变温处理，DNA不断变性，不断合成，于是便由1个DNA分子变为2个DNA分子，由2个DNA分子变为4个DNA分子……以几何级数（$2^n$）增加的方式，不断扩增DNA分子。如果经20次循环，DNA可扩增100万倍；经30次循环，DNA可扩增10亿倍。根据这个理论推断，美国西特斯公司的科技人员便设计了一种能控制温度、全自动化的DNA扩增仪（即PCR仪）。利用这种仪器扩增DNA便成了既快又容易的事了。

● 基因"搬家"

过去，在北京美术馆的一次画展上，曾展出了一幅非常引人注目的漫画。此画画的是一头能和大象媲美的"大象猪"，画的标题是"遗传工程师的期盼"。这种科学幻想现在已不再是天方夜谭了。近年来诞生的基因工程技术，也叫作基因重组技术或基因拼接技术，就可以实现基因"搬家"的心愿。

要实现基因"搬家"，首先要把带有某种所需性状的基因（目的基因），如促进大象生长的生长素基因，从大象（供体）的细胞中"钓"出来，然后再把这个基因"放入"猪（受体）的身体细胞里去，让其表达发挥作用，这样"大象猪"就可培育成功了。其实，事情并不是这么简单。实际上，这段外来的DNA（外源的目的基因）进入受体细胞后，根本无法生存，因为受体细胞内专有的内切酶立刻就会"认"出来它不是自己的DNA，而是个"入侵者"，于是，马上冲过去将它切个七零八落，彻底消灭它，以防止它在细胞内进行"破坏活动"，影响自己的遗传特性。这是生物细胞本身具有的防御能力。要使外来基因（DNA片段）成功地进入受体细胞，就必须解除细胞的这种"防御堡垒"。怎么办呢？为了解决这个问题，科学家们又想出了一个办法，就是先把需要的DNA片段连在一个"运载工具"——运载体上，将它运进受体细胞，在运载体的掩护下，受体细胞的内切酶被欺骗了，认不出这段DNA是外来的，而把它当作"自己人"，允许它自由地留在细胞内。

然而，寻找基因的运载体可不容易啦！因为不是任何东西都能作运载体的，它必须具备一定的条件：第一，运载体必须是一种能够自我复制的较小的DNA分子，像一艘微型的运输艇，能比较自由地进出细胞。因为细胞只允许一定量的DNA进入，运载体本体太大，便无法装载外来的DNA片段出入细胞了；第二，带进去的DNA要能在细胞里进行复制，仍然能保持原有的特性；第三，作为运载体最好具有简单的特性，如抗药性、免疫性等作为标记。当运载体和外来DNA"缝合"在一起，组成重组体后，就可以用运载体的特性，把含有基因重组的细胞和不含有基因重组的细胞区别开来。

经过科学家们的不懈努力，终于在绚丽多彩的生物界找到了好几种符合上述要求的运载体，其中有细菌的质粒、噬菌体和动植物病毒，它们都很小，可以比较自由地进入受体细胞。

最理想的是质粒，质粒是细菌和蓝藻的染色体外的一种很小的环状DNA分子，只有普通细菌染色体DNA的1％那么小。它不仅会进行自我复制，而且还能在细胞之间钻进钻出。另外，用DNA内切酶把它切开，再通过连接酶给它装上一段外来的DNA以后，这些特性依然如故。镶嵌上一段外来DNA片段的质粒，就成为一个"杂种质粒"，又叫作"重组体DNA"。杂种质粒通过转化后进入受体细胞便能出色地完成遗传工程师交给它的使命，也就是在新的宿主细胞里繁殖并发挥作用，使受体细胞显示出人类所需要的新性状。

由于有了DNA限制性内切酶、连接酶和运载体三件"法宝"，人们要进行基因工程就能如愿以偿了。

● 分子杂交

你也许知道，不同植物品种之间可以杂交，不同的动物品种之间也可以杂交。可是，你听说过分子杂交吗？那么，什么是分子杂交呢？

核酸的分子杂交技术是目前分子生物学中运用最广泛的技术之一，它可以鉴定核酸分子之间的同源性。前面我们曾提到，DNA的结构是双螺旋分子，其中一条链与另一条链的核苷酸序列是互补的。另外RNA的结构一般是单链分子，如果由某个基因的DNA转录出来信使RNA，那么这个信使RNA的核苷酸序列也是与该基因的DNA序列互补的。所以，RNA分子的序列与DNA也有互补关系，也能与DNA的单链形成互补的双链结构。为了鉴定两条不同的DNA分子是否具有同源性，科学家们运用DNA变性和复性的原理，将两种来源不同的DNA分子或与某种RNA分子同时放在一个容器里，然后加温到90摄氏度以上，两种不同的DNA分子，分别拆开而变成单链分子。这时慢慢降温去掉变性条件，于是每个单链分子就像找"朋友"一样，不同DNA分子的互补区段能够相互配对结合在一起，形成异源的DNA／DNA或DNA／RNA的双链分子。分子生物学上把这一过程称为核酸的分子杂交。这像我们玩"找朋友"的游戏一样，两个相好的结合在一起而成为好朋友。

采用分子杂交的方法可以鉴定生物之间的亲缘关系。例如，鉴定人与猿和猴之间的亲缘关系远近。科学家们发现，黑猩猩DNA分子与人的DNA分子杂交后，互补碱基比猴DNA分子与人的DNA分子杂交后的互补碱基多，这说明人与黑猩猩的亲缘关系较近。1967年国外的两位科学家霍耶和罗伯茨利用分子杂交的方法比较人与灵长目动物和其他亲缘关系较远的脊椎动物之间DNA的差异，其结果是：人100％、黑猩猩100％、长臂猿94.5％、猕猴89％、眼睛猴65％、非洲狐

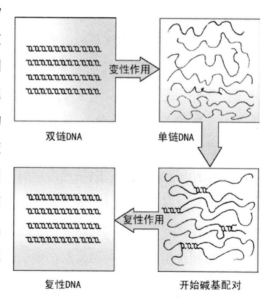

双链DNA　　单链DNA

复性DNA　　开始碱基配对

DNA分子杂交示意图

猴58%、家鼠22%、鸡10%。从以上结果看出，分子杂交后，杂合DNA所占百分比愈高，亲缘关系愈近。

分子杂交不仅能鉴定生物种群间的亲缘关系，而且还能鉴定基因的变异，测出基因组中特异性DNA序列，为基因诊断提供依据。

● DNA测序

人类基因组计划的一个主要任务是要测定人类基因组中DNA的核苷酸的排列顺序。由于遗传信息是以密码的形式体现在DNA的排列顺序之中，所以破译生命密码首先要了解和测定DNA的核苷酸排列顺序，因此，DNA测序便成了探索生命奥秘的重要手段之一。

最初，测定DNA的核苷酸序列是非常难的事情，一是DNA分子十分巨大，提取过程中容易断开，不易得到完整的DNA分子；另外，即使得到不损坏的DNA分子，由于含有核苷酸太多，分析起来也十分困难；再有，过去没有找到特异地切开DNA链的内切酶。所以人们迟迟没有找到测序的有效方法。直到20世纪70年代，发现了限制性内切酶以后，再加上采用同位素标记、放射自显影和凝胶电泳新技术，才出现测序方法的革新。正是在这方面，因为英国分子生物学家桑格与美国科学家马克希姆和吉尔布特的卓越贡献，他们获得了1980年诺贝尔医学奖。下面，我们先介绍DNA测序原理，然后再看看当今的研究进展。

我们先从"常规测序方法"开始，看看科学家们是怎么揭开DNA庐山真面目的。

我们知道，DNA分子特别长，不便于对整个分子进行分析，因此，先用内切酶把它切成一段一段的，然后对DNA的小片段进行分析，最后再按重叠片段一个个连起来，得出整个DNA分子的核苷酸序列。例如，有一个DNA片段上面有AATCGT序列，另有一个DNA片段上面具有TTGCAA序列，还有一个DNA片段具有GTTCAT序列。这样根据重复序列，把三个DNA片段连接起来，就可以知道这个大的DNA分子具有TTGCAATCGTTCAT序列。这好比我们要了解一幢大楼的内部设施，不可能一个人同时调查一幢大楼，而要分层调查，先查一层设施，再查二层、三层和四层……最后汇总每层调查资料，便能查清这幢大楼的整体设施情况。DNA测序也是这样，要采取分段测序，最后再绘出整个DNA序列图。

那么，怎么对一段DNA进行序列分析呢？

首先，让我们来了解一下DNA序列分析的原理和基本技术。目前，主要采用英国科学家桑格发明的"双脱氧核糖核酸末端终止法"进行测定。测序反应实际上就是一个在DNA聚合酶作用下的DNA复制过程。具体方法是：以一条待测序的DNA单链为模板，在一个测序引物的牵引下，通过DNA聚合酶的作用，利用DNA的合成原料——4种脱氧核糖核苷酸，即dATP（简写为A），dGTP（简写为G），dCTP（简写为C），dTTP（简写为T），使新合成的链不断延伸。但是，如果在合成原料中加入一些用4种不同荧光化合物（可发出红、绿、蓝、黑4种荧光）分别标记4种双脱氧核糖核苷酸（即ddTTP、ddATP、

ddCTP、ddGTP）。它们可以"鱼目混珠"地参与DNA链的合成，可是它们是缺少"零件"的"废物"，不能发挥正常核苷酸的作用，因此，当它们被结合到链上以后，它的后面便不能再结合其他核苷酸，链的延伸反应就此停止了。

这就像小孩儿们玩"手拉手"的游戏，有个别的孩子一只手残废了，因此只能用一只手与前面的孩子手拉手，另一只手不能与后面的孩子手拉手，于是许多孩子手拉手组成的长队伍就中断了。这样，在DNA合成反应中，最终便会随机产生许多大小不等的末端是双脱氧核苷酸的DNA片段。这些片段之间大小相差一个碱基。然后，通过聚丙烯酰胺凝胶电泳，将相差一个碱基的各种大小不等的DNA片段分离开来，再根据电泳条带的不同荧光反应，就可以在凝胶上直接地读出这些有差异的代表其末端终止位置处碱基种类的片段，如红色荧光代表T、蓝色荧光代表C、黑色荧光代表G、绿色荧光代表A，这样一系列的连续片段就代表了整个模板DNA的全部序列。这种方法已利用现代精密仪器和机器人技术实现了DNA测序的高度自动化。目前市场上出售的各种型号的DNA自动测序仪大多是依据以上原理制造的。

目前，以凝胶分离为基础的测序技术，一次可以读出500~700

诺贝尔奖总是授予那些为科学做出卓越贡献的人

个碱基序列。为了保证测出的序列具有高度的准确性，科学家们一般在DNA区域要反复测定10次左右。这样最终得到的序列错误率只有万分之一，即每一万个碱基只允许有一个碱基读错。人类基因组30亿个碱基对需要反复测定10次，这就意味着测序的实际工作量是300亿个碱基对。可见，完成人类基因组的测序工作是多么艰巨的任务。

为了尽快完成人类和其他生物的测序任务，科学家们还发明了其他一些更为简便、迅速的测序方法，如杂交测序、质谱分析、毛细管电泳测序，甚至可以用电子显微镜来直接观察序列。采用新方法以后每小时就能有一个新基因序列被读出来，预计到2005年完成的人类基因组测序任务很可能提前到2003年。让我们等待胜利的好消息吧！

● 奇特的分子"路标"

我们都有这样的经验，初到一个城市，一出车站就被面前纵横交错的街道弄得眼花缭乱，不知何去何从，这时有出门经验的人一方面向当地人问路，另一方面注意十字路口的路标。路标会清楚地告诉你这条街叫什么名字，哪儿是南，哪儿是北，给你指出前进的方向。可见，一个小小的路标的作用是很大的。

假如将细胞中的染色体比作一条长长的"街道"，那么，在它的上面承载着数以万计的基因就是街道的居民了，我们要想准确地在街道上找到其中的一个"居民"的居住地是很不容易的。为了不在染色体的"街道"上走弯路，在"街道"上竖立"路标"是非常必要的。那么用什么做染色体的"路标"呢？这就涉及遗传标记问题。

在遗传学发展的初期，使用的遗传标记主要是一些形态标记，比如说花的颜色，动物的毛色，谷粒的形状，动植物的抗病性、适应性等等。这些特征很直观，便于识别，是人们对一种生物的最直接的印象。比如，我们前面提到的一种叫"伸舌样痴呆"的遗传病，通常称为傻子，患这种病的人生长缓慢，智力低下，语言不清，只会说"爸"、"妈"等单音节语言，平时舌常外伸，流口水。患病的原因是染色体总数不是46条，而是47条，多了一条第21号染色体。所以我们看到这样病症的人，就可以推测病人的致病基因在21号染色体上。同理，有的人丢失了一段染色体也会表现异常。如人类有一种疾病叫"猫叫综合征"，患者的头小，脸圆，眼距宽，哭声如猫叫，其致病原因是染色体组里第5号染色体的短臂上缺失了一段染色体。因此，我们看到这样的人就推测其致病基因就在第5号染色体短臂上，用同样的方法可以确定其他基因在染色体上的位置。如果探明了所有形态标记在染色体上的位置，我们就可以做出一个由形态标记作"路标"的染色体图。

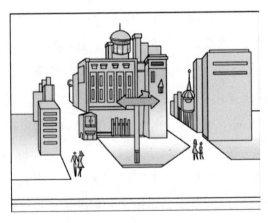

在这样的大街上走路，路标是必不可少的

不过形态标记有一个致命的弱点，就是一个染色体上的"路标"很少，密度很低，就好像在10千米的长街上只有一个路标，远远不够用。

进入20世纪80年代以来，一种全新的遗传标记粉墨登场，这种标记就是目前广泛使用的分子标记。分子标记是一种基于DNA水平上的变异而形成的标记，它的运用彻底改变了遗传标记不足的局面，为科学家们的各项研究工作提供了极大的便利。从前面我们已知道，DNA不是一成不变的，它会发生突变、缺失、插入、倒位等现象，这些现象都能引起DNA序列发生变化。分子标记就是运用一系列的方法来检测这种DNA序列变化的标记。

常用的分子标记主要有RFLP等方法。RFLP是限制性片段长度多态性的英文缩写。它是由于不同个体的等位基因之间碱基替换、重排、插入、缺失等引起DNA序列发生差异的变化。例如，小麦的高秆基因和矮秆基因是等位基因，高秆基因的DNA有一定长度，由于某种因素（如辐射、化学药剂等）的作用，高秆基因发生突变，在高秆基因的DNA处插入了一段异源DNA，从而表现出矮秆性状。这时高秆基因就变成了矮秆基因，其DNA的长度也加长了。通过这种方法便可以把控制小麦秆茎高矮的基因标定在小麦DNA分子的一定位置上。

根据遗传标记可以绘制出染色体"地图"，这种图就叫遗传图谱。它是以遗传标记为"路标"的一种功能图谱，可用来研究遗传学上基因的相对位置、功能以及基因间的相互作用。这也是人类基因组计划要完成的最主要任务之一。

● 生物芯片的妙用

当今社会已进入信息时代，很多家庭装上了电脑，人们了解世间的各种信息真是越来越方便了。这是从20世纪70年代，大规模集成电路电子芯片的发明引发的一场计算机革命开始的。先进的微电子技术把庞大的、复杂的计算机变成了具有高性能的个人电脑。目前，家庭电脑已进入了千家万户，在人们生活中发挥着巨大作用。到了20世纪90年代以基因芯片（也叫DNA芯片）为代表的生物芯片的发明，将复杂的生物学实验系统集成到微小芯片上，使复杂烦琐的生物学实验能够在一个指甲盖大小的芯片上进行。生物芯片技术将生命科学研究中所涉及的许多不连续的分析过程，如样品的制备、化学反应过程和分析检测等，通过采用微电子、微机械等工艺集成到芯片中，使之连续化、集成化和微型化操作，并能够进行批量生产，实现生命信息检测分析的自动化。这一新技术的成熟和应用将在21世纪里给遗传研究、疾病的诊断和治疗、新药的发明和环境保护等领域带来一场革命。

在前面我们已提到，任何一种生物都是在遗传信息控制下生长发育的，生物体通过复制、解读遗传信息和执行遗传指令形成特定的生命活动。从信息学的角度来看，DNA分子是生命信息的载体，遗传信息存储在A、T、G、C这4个字符所组成的DNA序列中。蛋白质分子是遗传信息表达的产物，是构成生命机器的基本元件，大量类型不同、功能各异的蛋白质分子协同工作，保证生命机器的正常运转。因此，认识生命现象，掌握生命活动规律的前提是了解和分析生物大分子，研究生物分子信息与生命活动的关系。生物芯片对完成这项任务起着十分重要的作用。

那么，什么是生物芯片？它是如何发挥作用的呢？

生物芯片是以生物大分子（蛋白质和核酸）为主要材料制成的生物集成电路。经研究发现，蛋白质和核酸等生物大分子都具有像半导体那样的光电转换功能和开关功能。例如，蛋白质分子具有低阻抗、低能耗的性质，不存在散热问题，它的三维立体排列使它具有较高的存贮容量。在生物芯片中，信息是以波的形式传递。当波束沿着蛋白质分子链传播时，会引起蛋白质分子链中单链、双链结构顺序发生改变。因而，当一束波传播到分子链的某一部位时，就能像集成电路中的载流子那样传递信息。

制作生物芯片是运用微电子技术和生物分子的自组装技术，将一块微小芯片划分为成千上万个单元，并在每个单元的位置上组装不同的DNA、蛋白质或其他相关生物分子，从而形成生物分子的微列阵。这好像古代时候两军对垒摆的八卦阵一样，其中有一定的阵势，摆布一些将领和士兵，在一定的位置上把守阵脚。所不同的是生物芯片是多维的立体陈列，像现代战争那样，海、陆、空三军立体作战。生物芯片利用生物分子的识别或生物分子相互作用原理，实现对生命相关信息的大规模并行检测。分子识别是生物体内分子相互作用的一种基本现象。如两条DNA单链根据碱基互补原则，相互缠绕，可以形成双链复合体；还有抗体和抗原可以产生特异性结合等等。在生命体系中信息的阅读、储存、复制、转录和翻译均通过分子识别的规则来进行，对于核酸，可通过碱基互补配对识别一个核酸分子的序列。芯片上每一种生物分子的作用相当于一种特殊的探针，用于检测特定的生物分子信息。假设生物芯片某单元上有一个DNA探针，它与待检测的样品进行杂交，如果杂交实验结束后，该探针显示杂交信号，则表示在样品中存在一段与探针互补的DNA序列。通过一个探针我们可以得到样品的部分信息，如果使用大量的相关探针就可以得到样品的全部信息。

为什么把生物芯片叫作"芯片"呢？其原因有二：一是因为芯片的每个单元有信息提取和信息转化的功能，类似半导体芯片；二是因为生物芯片采用与半导体芯片相似的制造技术，具有微型化、集成化的特点。

生物芯片有多种类型，其中基因芯片是目前研究最多、应用最广泛的一种。基因芯片实际上是由大量DNA探针所组成的微阵列，通过核酸杂交检测信息。我们可以在基因芯片上用多个探针分析一段DNA序列。我们也可以用一个探针检测样品中是否会有特定的核酸序列。

利用基因芯片可以进行基因分析。同一种生物，其基因组从整体上来说是基本一致的，约有99.9%的基因组序列相同，然而正是由于0.1%序列的差别，才导致了个体与个体表型的差别。像我们人类，不同的民族、不同个体都有46条染色体，都有相同的基因数目和分布，也有基本相同的核苷酸序列。然而人类基因组又是一个变异的群体，在长期进化的过程中，基因组DNA序列不断地发生变异，从而导致了不同种族、群体和个

体基因组间的差异或
多态性。除了同卵双
生子以外，没有两个
个体的基因组是完全
相同的。DNA序列
的变化是生物种群之
间差异的根本原因，
也是影响生物体正常
状态和疾病状态的关

不仅有电脑的电子芯片，还有生物芯片呢！

科学常常创造出匪夷所思的事来

键因素。黑人与白人的差别、高个与矮个的差别、健康人与遗
传病人的差别等等都是由于个体基因组存在着差异。人类基因
组计划所得到的仅仅是某一些人的基因组，当人类基因组测序
计划完成以后，人们便会逐步关注不同人群、正常与疾病状态
下DNA序列的变化。对这些基因型差异进行定位、识别以及分
类有着重大意义，这是有针对性地预防和治疗疾病的基础，也
是对个人遗传特征识别的依据。

利用基因芯片可以检查每个人DNA的特异性，根据基因的
情况建立个人健康档案。可能在5~10年之后，每个人都可以用
一小块基因芯片便捷、准确地了解自己的全部基因的缺陷。人
们将知道自己或自己的儿女一生中肯定会得什么病，可能比别
人更容易得什么病。他将知道10年或20年后他的健康状况。这
样，可以及早防治各种疾病，预防衰老，延长寿命。

利用基因芯片还可以测定未知的DNA序列。最近美国的一
些公司宣布，他们研制成功了一种快速破译人类基因图谱的新
技术，其速度约为目前技术的1000倍。原来，这些公司的科学

家们使用的是"基因芯片"的微型装置，在芯片上可以用6万多种探针同时进行分子杂交。这样将人的几滴DNA样品置于芯片上，就能对其中所含的基因序列进行全面"阅读"，从而极大地提高了破译的效率。

● 微生物的基因组测序

自1975~1977年桑格和吉尔伯特发明了极为有效的DNA序列快速测定方法以后，人们便开始了对各类生物的全基因组进行DNA序列的测定。科学家们先易后难，先从一些病毒的基因组开始进行测定，并取得了很多的成果。

常有人提出这样的问题，一个生物最少要有多少基因才能维持生命？通过对小小的病毒基因组的分析，人们才揭开了这个谜底。早在1965~1975年，比利时生物化学家菲尔斯等用了11年时间，测定了大肠杆菌$MS_2$噬菌体的基因组全部3569个核苷酸序列。$MS_2$是RNA噬菌体，只有4个基因。$MS_2$两个基因是编码结构蛋白质的：一个是含129个氨基酸的外壳蛋白质基因；另一种是A附着蛋白基因，这是噬菌体吸附到其寄主细菌上去所必需的，也是后来病毒RNA通过细菌细胞壁进入细菌必需的。另外的两个基因：一个是RNA复制酶基因，它与RNA复制和噬菌体的繁殖有关；另一个是裂解基因，它能产生溶胞蛋白，新噬菌体成熟后能溶解细菌细胞壁和细胞膜，释放到细胞外，然后再去侵染其他细菌。从以上情况科学家们了解到，一个最简单的生命体最少需要4个基因才能维持正常的生活和传种接代。

$MS_2$的基因遗传图已将每个基因各从第几号核苷酸开始到第几号核苷酸结束都标得清清楚楚。

尽管$MS_2$是人们知道的最简单的基因遗传图，但科学家们对DNA基因的测序却是从细菌病毒$\phi X174$开始的。1977年，英国分子生物学家桑格等报告了大肠杆菌$\phi X174$基因全部5375个核苷酸的序列（后来修正为5386个核苷酸），并确定了全部9个基因（后修正为11个基因）在基因组上的起止位置，绘制完成了$\phi X174$的基因遗传图。

通过对病毒基因组的分析，科学家们更清楚地了解了病毒的遗传结构，以及它们是如何适应不同的生存条件繁殖后代的。为我们更好地利用病毒和消灭有害病毒提供了科学依据。

在细菌方面，1997年初，美国威斯康星医药大学的布拉特纳宣布了一个令人振奋的消息——大肠杆菌基因组的全部序列已测完。测定结果显示，大肠杆菌基因组共由4638858个碱基对组成，含有4288个基因，其中约有2500个新基因与任何已知的基因无十分相似之处。

在真菌方面，1996年完成了第一个真核生物——酿酒酵母菌基因组全序列的测定。

单细胞真核生物——酵母菌，也是一个研究基因功能的好材料。1996年1月科学家们完成了酿酒酵母菌的全部16条染色体上的所有碱基序列的测定。酿酒酵母菌DNA共有$1.2052 \times 10^7$个碱基对，含有5885个编码蛋白质的基因，并约有2964个基因属于首次发现的新基因，称作孤儿基因。利用酵母基因组测序的成果可以为遗传学、病理学等领域服务。在酵母基因组中发现了不少和人类同源的基因，如在酵母XI号染色体上有一个与人

类肾上腺性脑白质营养不良症决定基因相似，另一个与人类着色性干皮病基因同源。人们可利用这些基因建立一个简单的检测新药系统。

对大肠杆菌和酵母菌这样结构简单，易于研究的生物进行DNA序列的测定，还可以给繁杂的高等生物的基因组测序提供一个重要的参照信息。


● 果蝇和老鼠的秘密


2000年2月，美国塞莱拉基因组技术公司的科学家们宣布，他们已经完成对普通果蝇全部基因组的测序，确定果蝇有1万~3万个基因。这一成果可以帮助人们进一步深入了解人类的疾病及进化。

果蝇是最受科学家们重视的实验对象，它与包括人类在内的高等动物之间有许多共同的地方。通过对果蝇基因组序列的分析，他们发现了数目惊人的人类与果蝇共有的新基因。这些基因包括一个关键的致癌基因和一组与衰老有关的基因。

尽管目前对果蝇的DNA序列，还没有完全破译，甚至有些科学家对测定结果的准确性还有疑义，但美国《科学》杂志仍给予了很高的评价。《科学》杂志称破译果蝇DNA序列是"一项标志性的成就，它标志着一个寻找基因的世纪结束，并且预示着一个对基因进行探索和分析的新时代的到来"。

2000年3月，塞莱拉基因组技术公司再立新功。科学家们宣布，他们基本上破译了老鼠的遗传密码，这为人们更好地理解人类的生物特征和疾病提供了有利的条件。

塞莱拉基因组技术公司说，他们的数据包括了老鼠遗传密码中99%以上的信息，这些密码大约由30亿个碱基组成。这个数目与人类基因组的数目大致相同。尽管该公司基本上确定了这些碱基的顺序，但尚未确定老鼠的基因总数及其基因组的其他特征。

你不知道吧，人类重视我们可是有目的的啊！

对老鼠遗传密码的研究将有助于了解我们自己

科学家们为什么对老鼠的基因组测序非常重视呢？一个原因是因为老鼠与人类亲缘关系较近，研究老鼠的遗传密码将有助于科学家们了解人类的基因；另一个原因是将老鼠基因组与人类基因组进行比较，开展比较基因组学的研究，有助于在功能上将起重要作用的部分与不太重要的部分区分开，特别有助于科学家们发现DNA中控制基因活动的区域，并确定控制的路线。

目前，我国科学家正在积极进行家畜、家禽基因组的研究工作，制订了猪和鸡基因组研究计划，相信在不长的时间内会传来振奋人心的好消息。

● 水稻基因组计划

水稻是重要的粮食作物，搞清楚水稻基因组的遗传结构和作用，对提高粮食生产具有重要的意义。水稻基因组由12条染

色体组成，约5万个基因，$4.3 \times 10^8$个碱基对。

水稻基因组研究计划包括逐渐提高的三个阶段。

第一阶段是遗传图谱的构建。这个图谱已由日本学者于1994年12月完成，他们用了4年的时间完成了2000个DNA标记的遗传图谱的构建，并在著名的《自然》杂志上发表。

第二阶段是物理图谱的构建。它是一种分辨率较高的图谱，即利用限制性内切酶将染色体的DNA切成许多片段，再按基因组天然的结构把这些片段重新排列成原来的数条染色体。我国科技部于1992年8月正式宣布实施"水稻基因组计划"，并在上海成立了中国科学院国家基因研究中心。我国科学工作者制订和采用了高效的"指纹-锚标"战略，于1996年6月在世界上首次完成了水稻高分辨率物理图谱的构建。水稻物理图谱的构建，具有十分重要的理论意义和实用价值。一方面因为物理图谱是由连续的DNA片段进行鉴定，并结合定位克隆技术，就能获得所需要的基因，这可以很好地用在农业育种上。同时，由于建成的物理图谱上已标上了565个遗传分子标记，其中的近100个为通用的遗传分子标记，它们在大麦、小麦、燕麦、玉米、高粱、甘蔗等主要农作物的基因组中是通用的，所以就可以根据水稻的遗传信息来找出这些作物的相应基因，从而解开它们高产、优质和抗逆的遗传之谜；另一方面，水稻基因组DNA序列中核苷酸数目巨大，排列复杂，物理图谱的建成为测序奠定了坚实的基础。

水稻基因组计划的第三阶段就是水稻基因组的全序列测定。2001年10月传来了振奋人心的好消息，我国在世界首先完成了"水稻基因组工作框架图"，共测序了20亿个碱基对，测序的准确率达到99％以上。我国水稻基因组研究的巨大进展，标志着我国基因组的研究工作已步入了国际先进行列，也为今后有效地改良水稻品种提供了科学依据。

# 五、基因工程创奇迹

通过对分子遗传学的研究，科学家们已经揭开了基因的神秘面纱。基因，这个曾经神秘莫测的东西，现在人们已知道它能决定生物的种属，主宰着、指导着生物性状的发育，继承、传递和表达着祖先的"遗愿"，也在左右着生物的进化……总之，生命是按基因的"时针"来走动的，基因是生命之源。基因如此重要，使人们立刻想到，如何利用基因来为人类造福呢？科学家们设想，只要我们把基因从生物体的细胞中拿出来，在分子水平上加工和改造，或向生物体转移有用的基因，就有可能像其他工程技术那样，按照事先设计的方案，制造一种新类型的生物。这就是从20世纪70年代发展起来的遗传工程。生物的遗传物质是由许多基因组成的，所以遗传工程也叫作基因工程。

基因工程是一种新技术，它又叫基因拼接技术或DNA重组技术，用通俗的话来说，它也可以说是"基因搬家"或"基因改造"。简单地说，基因工程就是采用类似工程技术的方法，将不同生物的遗传物质——DNA抽提出来，按照预先设计的蓝图，重新组合，再放到生物体中，从而改变生物的性状和功能，创造出新型的生物。这种DNA重组技术，就像进行一项

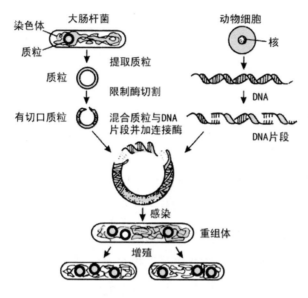

染色体
大肠杆菌
质粒

动物细胞

核

提取质粒

质粒

DNA

限制酶切割

有切口质粒

混合质粒与DNA
片段并加连接酶

DNA片段

感染

重组体

增殖

原来基因也可以分分合合呢

工程那样，按照人们自己的意愿，把一种生物的个别基因"搬运"到另一种生物的细胞里去，或者把某种基因提取出来，加工改造，再放回到原来的生物体中去，从而定向地改造生物的遗传性状，因而称之为基因工程。

基因工程一出现，像一朵绽蕾的鲜花，立刻散发出了诱人的芳香，展现出了光明的前景。不少科学家预言，在21世纪，遗传学和基因工程将成为自然科学领域的主角。世界上有不少报刊指出，20世纪70年代最伟大的两项科学成就即是大规模集成电路和基因工程。前者对人类生产、生活正产生着巨大的影响，后者将改变人类生活的本来面目。下面让我们看看基因工程的伟大作用吧！

● 高营养的作物宠儿

秘鲁"国际马铃薯培育中心"培育出一种蛋白质含量与肉类相当的薯类，它对全球近20亿专门以薯类为主食的人来说，无疑是一次植物革命。瑞士科学家把其他植物的7个基因导入水稻可以提高大米的营养价值，从而可以帮助千百万人防止贫血和失明。这种基因改良方法可以提高水稻所含铁和维生素A的含量，并且能抵消大米中所含的阻碍人体吸收铁的一种酸。日本一个研究小组声称，他们也培育出一种富含铁元素的水稻，将来人们吃几碗转基因稻米，就能为人们提供所需的全部铁元素。由此，这种稻米将使占世界人口大多数的以谷物为主食的人从中获益。我国目前已研制出转基因大豆，其蛋白质含量可高达48%，此种大豆又抗病毒，产量也比一般大豆高12%。

● 不怕病虫害的庄稼

提高农作物品种抗病虫害的能力，既可减少农作物的产量损失，又可降低使用农药的费用，降低农业生产成本，提高生产效益。

目前，人们已经发现了多种杀虫基因，但应用最多的是杀虫毒素蛋白基因和蛋白酶抑制基因。杀虫毒素蛋白基因是从苏

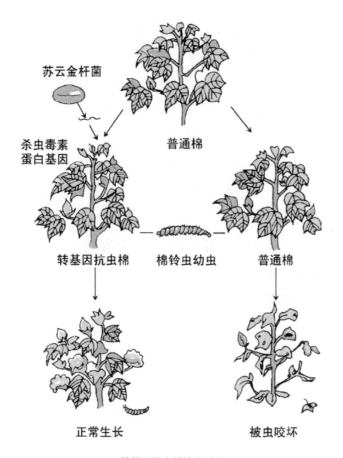

苏云金杆菌

杀虫毒素
蛋白基因

普通棉

转基因抗虫棉　　棉铃虫幼虫　　普通棉

正常生长　　　　　　　被虫咬坏

**转基因抗虫棉培育过程**

云金芽孢杆菌（一种细菌）上分离出来的，将这个基因转入植物后，植物体内就能合成毒素蛋白，害虫吃了这种基因产生的毒素蛋白以后，即会死亡。目前已成功转入毒素蛋白基因的作物有烟草、马铃薯、番茄、棉花和水稻等，正在转入这个基因的作物还有玉米、大豆、苜蓿、多种蔬菜以及杨树等林木。

　　转基因抗虫作物，效果最大的当数抗虫棉。说起棉花，大家都知道它又白、又轻、又软，做成的棉被盖在身上暖暖的。收获季节一到，棉田里就盛开着一朵朵的棉花，远远望去美极

了！然而，棉花也有天敌，一旦被棉铃虫侵害，棉花就会变黄、发蔫，甚至无法开花、吐絮，造成棉田减产，棉农减收。自1992年以来，河北、山东、河南等棉区棉铃虫危害极为严重，全国每年直接损失达60亿至100亿元。因此，如何治理棉铃虫成为了我国农业工作者的一件大事。

许多年来，为了防治棉铃虫，人们主要靠喷施化学农药。这种方法虽然有一定的防治效果，但也存在着害虫产生抗药性的缺点。有些地方农民们喷洒农药甚至把药水往虫子身上倒，可虫子仍然不死，虫子把棉花的花蕾、棉桃和叶子照样吃个精光。另外，喷施农药对人体有害，容易中毒，况且对环境也有严重的污染，因此，不提倡使用农药。

1997年，美国种植了抗虫基因棉100多万公顷，平均增产7%，每公顷抗虫棉可增加净收益83美元，总计直接增加收益近1亿美元。我国是世界上继美国孟山都公司后第一个获得抗虫棉的国家。我国的抗虫棉的抗虫能力在90%以上，并能将抗虫基因遗传给后代。我国的抗虫棉已进入产业化阶段，生产面积已有6.7万公顷，如果全面推广，每年可挽回棉铃虫造成的经济损失达75亿元。

利用植物基因工程不仅可以治虫，而且还可以防病。你知道吗？作物在它一生的生长历程中还会受到几十种甚至上百种病害的危害。这些病害包括病毒病、细菌病以及真菌病。作物感染病害以后将给生产带来极大的损失。如水稻白叶枯病，它是我国华东、华中和华南稻区的一种病害，由细菌引起，发病后轻则造成10%~30%的产量损失，重则难以估计。

为了培育抗病毒的转基因作物。我国科学家将烟草花叶病毒和黄瓜花叶病毒的外壳蛋白基因拼接在一起，构建了"双价"抗病基因，也就是抵抗两种病毒的基因，把它转入烟草后，获得了同时抵抗两种病毒的转基因植株。田间试验表明，对烟草花叶病毒的防治效果为100％，对黄瓜花叶病的防治效果为70％左右。目前，我国科学家还通过利用病毒外壳蛋白基因等途径，进行小麦抗黄矮病、水稻抗矮缩病等基因工程研究，并取得了很大进展。

今后，农民们种庄稼不治虫、少施农药的日子为期不远了。

## ● 不与杂草"同居"的神奇作物

唐朝诗人李绅曾写了一首著名的诗："锄禾日当午，汗滴禾下土。谁知盘中餐，粒粒皆辛苦。"每当读起这首诗，眼前便浮现出农民们在烈日炎炎下，拿着锄头，汗流满面地在田间锄草的情景。此情此景让我们在对劳动人民肃然起敬的同时，也让我们思考着，能不能不去田间锄草呢？

草和庄稼一起生长，"同居"生活是避免不了的。杂草的生长，会使作物大幅度减产。以大豆为例，若不锄草，大豆的产量就会减少10％。以每公顷产大豆1300千克计算，每公顷因草害将少收大豆130千克，那么我国种植大豆750万公顷，如果不锄草，每年将少收9.7亿千克的大豆，价值近10亿元人民币，这是一项多么大的损失啊！那能不能既消灭田间杂草，又减轻人们的体力劳动呢？

经过人们的长期探索，发现有些药品能杀灭杂草。农民们只要向农田喷洒一些化学药剂，便能免去"面朝黄土背朝天"地在田间锄草，也不必再去接受烈日炎炎的洗礼。但是，人们很快发现，有的除草剂虽然能有效地杀灭杂草，但对农作物也有不同程度的危害；有的除草剂虽然对农作物没有危害，也能有效地杀灭杂草，但它在土壤中的残留期太长，严重影响了作物的倒茬轮作。比如有一种除草剂不危害玉米，但对这块田里的轮作物——大豆有毒害作用。另外，长期使用除草剂也可使杂草具有抗除草剂的能力。这些都迫使人们深思，怎样解决

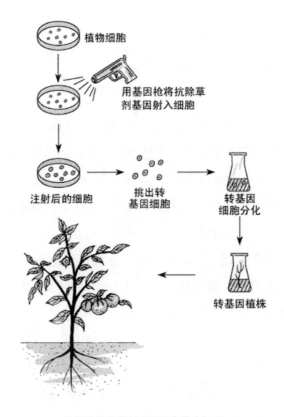

这样的抗除草剂植物可真是太好了

"锄禾日当午"的劳苦呢？

基因工程的兴起，使上述问题的解决有了希望，人们看到了曙光。人们设想，向作物导入抗除草剂的基因，获得抗除草剂的转基因作物，这样就可以使作物不再受除草剂的伤害了。于是，几乎世界各国都开始重视这项技术的研究。现在，已有抗除草剂转基因植物约20多种，它们给农业生产带来了巨大便利。

● 生性泼辣的"庄稼汉"

用植物基因工程的方法还可以提高作物对恶劣环境的抵抗能力，增强对环境的适应性。科学家们估计，可以将自然界中多种适应环境的基因如抗盐、抗旱、抗寒、抗缺氧等等基因挖掘出来，转入优质丰产的农作物品种，不仅能扩大优良品种的种植面积，对于充分利用旱地、盐碱地、荒地，甚至沙漠都有重要作用。

为培育抗旱作物，科学家们目前已经分离出一些抗旱基因，并在一些作物上已实现了抗旱基因的转移。美国科学家从一种细菌上分离出抗旱基因，育成转基因棉花。另外，植物体内的脯氨酸能抑制细胞向外渗漏水分，小黑麦、仙人掌由于含有脯氨酸合成酶基因，故能在干旱地区生长。于是科学家们正在研究将仙人掌的抗旱基因转入大豆、小麦、玉米等作物中，以培育耐旱作物品种。

转基因作物不仅有的抗旱，还有的抗涝。有一种水稻可耐水淹14天左右仍然存活。还有一种抗涝高产矮秆水稻，公顷产可达1.8万千克，说明该基因既能抗涝又能高产。

前几年，联合国粮农组织专家曾发出一条振奋人心的消息，用海水灌溉农田不再是梦想了。

早在20世纪80年代，科学家们就从在海边生活的红树及各种海洋植物中得到启示，这些植物之所以能在海水浸泡的"海地"中生长，主要原因是它们为喜盐、耐涝的天然盐生植物。于是，科学家们"顺藤摸瓜"，通过仔细地研究分析，发现它们具有与陆地甜土植物不同的基因，正是这种特殊的基因，使它们成为盐生植物。基于这种观念，美国的一位科学家，将高粱和一种非洲沿海盛产的苏丹草杂交，结果成功地培育出一种独特的杂交种——"苏丹高粱"。这种粮食作物的根部还分泌出一种酸，可快速溶解咸土土壤中的盐分而吸收水分。种植这样的作物，采用海水灌溉后，海水中的盐分会自然被溶解掉，而不至于影响高粱的正常生长。"今天一片荒滩，明日一片绿洲"的梦想已为期不远了。当然，这一美好愿望的实现，还要借助于植物基因工程的帮助。

以色列的一个海岸边，生长着一种番茄，它的果实个儿小味涩，非常难吃。但以色列的科学家们从这种耐盐番茄中提取了耐盐基因，将它整合到普通的番茄种子中，通过精心培育，竟培育出了味美、个儿大、品质优良的耐盐品种，为充分利用海边盐碱地开辟了广阔的前景。

在作物的生长环境中，有时低温不仅会限制作物的栽种范围，也可造成作物减产。冻害每年都会给农业生产带来严重的损失。传统的抗冻害的方法是对农作物采取熏烟、覆盖、灌水、保护地种植及喷洒生长调节剂等保护措施，但是解决抗寒问题的根本是培育出具有抗寒能力的作物。植物基因工程在这方面提供了强有力的手段。

那么，用什么样的基因最好呢？人们除了想到高寒地区生活的一些植物外，还想到了生活在高寒水域中的鱼类。近年来，科学家们发现，某些海洋鱼类的体液中富含丙氨酸、半胱氨酸和含糖的蛋白质。这些特殊的蛋白质能使鱼类体液的冰点降低，并能有效地减缓细胞中冰晶形成的速度，使鱼类免遭冻害。科学工作者把这些蛋白质命名为抗冻蛋白，正是它们保护了鱼类在严冬条件下的生命活力。于是许多科技人员试图将这种抗冻蛋白基因转入各种作物中去，以培育出含有鱼抗冻蛋白基因的抗寒作物。加拿大的科学家们已将抗冻蛋白基因导入了烟草，美国的科学家将其转给了玉米、番茄和桃树，我国科学家也培育出了抗冻的番茄。它们都表现了惊人的耐寒性。这项研究的前景十分诱人。因为它不但能延长作物陆地栽培的时间，而且还有希望使寒冬大地披上绿装，南、北两极长出庄稼。

## ● 会"发光"的奇异植物

在自然界，能发光的生物有某些细菌、甲壳动物、软体动物、昆虫和鱼类等。在深海中约99%的动物会发光，它们形成了独特的海底冷光世界。在发光的昆虫中，最引人注目的要数萤火虫。每当繁星映空的夜晚，它们那"腾空类星陨，拂树若花生"的美丽的荧光，曾引起人们多少遐思和美好向往。

现今，植物也能"发光"，你相信吗？这已不是什么天方夜谭，而是确有其事。

凡是到过美国加利福尼亚大学参观的人们，总是要到该校的植物园去领略一番那里的奇妙夜景。

这是为什么呢？

原来，加利福尼亚大学的植物园内，种植着几畦奇异的植物，每当夜幕降临时，人们就会看见一片发出紫蓝色荧光的植物。

难道这是荧火虫在田间"作怪"吗？

不是的，这是加利福尼亚大学的生物学家们，利用基因工程的方法制造出来的一种能从体内发射荧光的神奇烟草。这种"发光"烟草是怎么培育出来的呢？

科学家们曾对荧火虫的发光机理进行了深入研究，了解到萤火虫发光是发光器中的荧光素在荧光酶的催化下发出的间歇光。荧光素与荧光酶都是在发光基因"指挥"下合成的，然后由调控基因发出光反应信息。于是，科学家们便把发光基因从荧火虫的细胞中分离出来，再转入到烟草体内，这样便培育出能发射荧光的转基因烟草。

目前，英国爱丁堡大学已将发光基因分别转给棉花、马铃薯和青菜，培育出了各自发光的植物。日本科学家还计划培育发光菊花和发

怎么树还会发光呢？

在科学家面前，这种事绝不是什么天方夜潭

光石竹花，人们不仅在白天可以看花卉的美丽花朵，而且到夜晚还可以欣赏花卉发出的熠熠光彩。美国人还计划培育出发光夹竹桃，将来种植在高速公路两旁，白天作行道树，夜晚作路灯。到那时，每当夜幕降临，公路两旁的夹竹桃荧光闪闪，树树相连，灯灯相通，那将变成一个美丽的荧光世界。

更有趣的是美国的海洋生物学家，在美国东南海域温暖的海水中发现了一种能发出蓝光的海蜇。这种海蜇体内有一种特别基因。当海蜇受到其他生物侵袭时，细胞释放出的钙便与这种特别基因"联姻"，此时身体就会发出蓝光。这种奇妙的现象，启发了英国的科学家把海蜇的特别基因移植到烟草上。结果，当生长的烟草受到各种"压力"时，也会发出蓝光。在此基础上，他们又先后在小麦、棉花、苹果树等植物上移植了"发光基因"。这样，在大田中，作物一旦受细菌、害虫或寒冷、干旱等侵害时，便会发出蓝光。这种"发光基因"极为微弱，只有通过特别的仪器才能观察到。一旦发现蓝光，人们可以立即采取措施。这样一来，就减少了施肥、用药、灌溉的盲目性，降低了农作物的生产成本。

● 多彩花卉的梦想

在五彩缤纷的花丛中，艳丽芳香的花朵不仅使人陶醉，还使人感到心旷神怡。但在百花丛中，你见过蓝色的玫瑰吗？自然界中的玫瑰有着各种不同的颜色，如红玫瑰、白玫瑰、黄玫瑰，但却没有蓝玫瑰。为什么玫瑰不能开出蓝色的花朵来呢？

而像矮牵牛等植物却能开出颜色各异，其中包括蓝色的花呢？

我们知道，植物的花色是由植物能够合成的那种花色素决定的，植物的花色素的合成涉及许多种酶的作用。因此，在运用基因工程的方法对那些与色素有关酶的基因进行操作时，有的花色素的合成涉及酶的基因数较少，易于操作，有的花色素的合成涉及酶的基因较多，不易操作。像蓝色素的合成是由多种酶控制的，而且还与细胞中的酸碱度有关，因此利用基因工程方法培育蓝色花卉就比较复杂。相信在不久的将来，经过科学家们的辛勤劳动，一定会换来一朵朵绚丽的蓝色玫瑰。

现在，在花卉优良品种的培育方面，基因工程发挥着越来越大的作用，人们培育出了许多用传统的园艺技术难以获得的品种，如橙色的矮牵牛等。另外，现已成功地将外源基因转入玫瑰、矮牵牛、康乃馨、郁金香、菊花等重要的花卉植物。我们有足够的理由相信，基因工程会给我们带来一个更加绚丽多彩的世界。

● 含有疫苗的蔬菜和水果

在人的一生中，为了防治传染病，从小就要打预防针。例如，刚出生的婴儿要注射预防肺结核菌的卡介苗、预防乙型肝炎的乙肝疫苗。以后3个月到15岁之间，陆续还要接种牛痘疫苗预防天花；吃小儿麻痹糖丸预防小儿麻痹症；注射三联疫苗，预防百日咳、破伤风和白喉；注射预防麻疹的疫苗等等。

科学家们设想，是否可以培育一些带有疫苗的水果、蔬菜，这样不就可以免受打针之苦了吗？

人们天天都要吃水果、蔬菜，如果将普通的水果、蔬菜或其他农作物，改造成能有效地预防疾病的疫苗，到了那个时候，对某些疾病的预防，将变得非常简单，保健便成了一件轻松的事，只要吃一个西红柿、苹果、鸭梨或一碟冷盘就可以解决问题了。

科学家们的幻想，有的已成为了现实。他们正在试验利用香蕉携带乙肝疫苗来预防乙型肝炎，这样一来，人们只要吃一根香蕉就可以达到预防乙肝的目的了。另外，有的科学家正在培育防止霍乱产生的转基因苜蓿。他们将霍乱的抗原基因导入苜蓿中，当人们食用这些转基因苜蓿以后，就可以获得对霍乱的免疫力。苜蓿苗不仅物美价廉，而且可预防霍乱，一举两得。现在人们正在试验的还有可防龋齿的烟草、防止白喉的土豆等。

培育食用植物疫苗有许多好处，它不仅能够提高人们的保健水平，而且不需要注射器，不但可以免受打针之苦，还可以避免注射器传染疾病的危险。

● "超级动物"的诞生

近年来，科学家们采用转基因技术培育转基因动物取得了很大成功。早在1981年美国《华盛顿邮报》报道，美国和德国的两位科学家成功地完成了哺乳动物的基因移植；美国一个科学研究小组首次把产生血红蛋白分子的兔子基因插入到老鼠体内，结果有46只老鼠生下了后代，其中5只小鼠红细胞里含有兔子的血红蛋白；特别是1983年，美国宾夕法尼亚大学的布恩斯特和华盛顿大学的帕尔米特从大鼠体中取出了大鼠生长素基因，用基因重组的方法把这一基因注入小鼠的受精卵内，他们一共注入了170个受精的小鼠卵细胞，然后再把这些卵细胞移植到雌性小鼠子宫内孕育，结果出生了21只小鼠，其中7只小鼠长得比一般小鼠大一倍。经分析，这7只小鼠体内的生长素比一般小鼠高800倍，其中1只老鼠还能把移植的基因传给后代。"超级鼠"培育的成功，虽然没什么实际应用价值，但说明人类可以通过遗传操作对动物进行重大改造，从而创造出高大的牲畜或奇异的动物。

"超级鼠"的问世，激发了人们把大型动物的生长基因引入小型动物体内，培育一些巨型动物品种的欲望。于是人们相继开展了猪、兔、鸡、羊、牛等的转基因研究，而且都取得了令人鼓舞的进展。例如，澳大利亚培育出一种转基因的"超级猪"，体形大，生长快，瘦肉率提高10%~15%；还有一种带牛基因的猪，个头大，长得快。我国科学家利用动物精子作生长素基因载体，也就是对精细胞经过外部处理，让它吸附外源DNA，再进行受精，这样可以把外源基因带入受精卵细胞中而获得表达。采用这种新技术已培育出转基因鱼、转基因鸡和转基因猪。目前转基因猪交配已产生后代。我国转基因鱼的研究水平已居世界领先地位。中国科学院水生生物研究所的科学家们首次运用显微注射方法，成功地将人的生长素基因导入了鲫鱼受精卵里并且得到了表达。以后，他们又获得了生长特别快的转基因泥鳅，其中个别泥鳅生长速度比一般鱼快3~4倍。继我

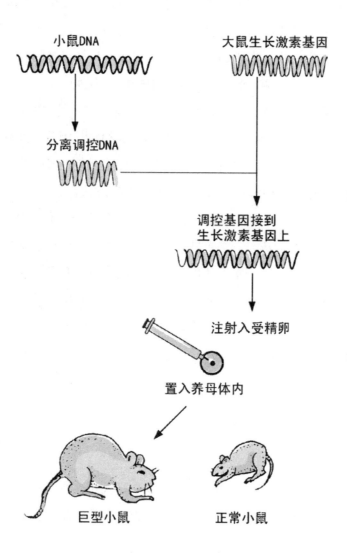

小鼠DNA

大鼠生长激素基因

分离调控DNA

调控基因接到
生长激素基因上

注射入受精卵

置入养母体内

巨型小鼠

正常小鼠

"超级鼠"就是这样培育的

国之后，世界上又有20多个实验室开展了这方面的研究。1988年美国科学家将红鳟鱼的生长素基因导入鲤鱼受精卵，发育成的转基因鲤鱼比一般鲤鱼生长速度快近20％。近年来，中国科学院水生生物研究所的科学家们又把人的生长素基因转入鲤鱼受精卵，经检测，孵化出的小鱼中50％在血液中含有人的生长激素基因。培育出的转基因鱼生长速度快，有一条在9个月后比对照组的鱼重1.5千克。目前，我国育成的转基因鱼有红鲤鱼、普通鲫鱼、银鱼、白鲫和红鳟鱼等，转基因鱼一般比非转基因鱼生长速度快10％~15％，现在已传到了第5代。

目前，人们利用转基因技术，已将许多来源不同的外源基因（如生长素基因、绵羊乳蛋白基因等）导入到许多动物（如小鼠、大鼠、猪、牛等体内），成功地培育了数万只转基因小鼠和家畜。虽然有的转基因动物还存在某些缺陷或问题，如常得病或表现不育甚至死亡等，但这些研究工作的应用前景十分诱人，人们幻想的"大象猪"的诞生已为期不远了。

● "天然动物制药厂"

人们早就设想利用转基因动物生产药用蛋白，这样可以省去非常复杂的工厂化生产，既省人力又节约资源，具有光明的发展前途。现在已有不少成功的例子。

人们最早是在转基因鼠中表达了药用蛋白，包括人的生长激素、人的组织纤维溶酶原激活剂（一种溶栓药）等。但是从老鼠的乳汁中获得这类用于人体的药用蛋白，一方面产量很低，另一方面人们心理上也难以接受食用老鼠的乳汁。于是科学家们开始把羊作为最佳选择，目前在家畜中表达药用蛋白基本上都是在转基因羊中获得的。

对于绵羊、山羊所进行的转基因研究，大多集中于利用它们的乳腺作为生物反应器生产药用蛋白。虽然绵羊、山羊的产奶量比奶牛低，但它们每年也能生产几百升奶，同时，转基因羊比转基因牛更容易获得。

最早在1991年，英国科学家怀特等人首先将抗胰蛋白酶（ATT）基因通过显微注射转入绵羊，最终获得了4雌1雄共5只转基因绵羊，4只雌绵羊都生出了杂合体羊羔，经过进一步交配获得了纯合的转基因绵羊。这4只雌绵羊产奶期产生的乳汁中均含有ATT，而且含量很

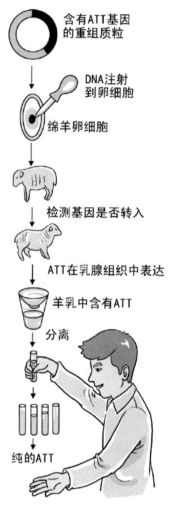

含有ATT基因的重组质粒

DNA注射到卵细胞

绵羊卵细胞

检测基因是否转入

ATT在乳腺组织中表达

羊乳中含有ATT

分离

纯的ATT

在转基因绵羊中产生ATT

高，每只绵羊在产奶期可产奶250~800升。由此可见，利用转基因动物生产药用蛋白有巨大的潜力，生产出的ATT可用于治疗遗传性ATT缺乏症及肺气肿。

我国科学家在培育转基因羊方面做出了重大贡献。1998年上海医学研究所采用显微注射受精卵移植的方法，将人凝血因

子IX基因整合在山羊体内，从实验的119只山羊中，最后获得了5只能产生凝血因子的转基因山羊。凝血因子IX是人体正常凝血功能必需的血凝因子，如果缺了这种因子，人体血管破裂就会血流不止，不能凝固，因此它是治疗血友病的有效成分。上海医学研究所转基因山羊的培育成功，不仅在医学上有重要的价值，而且建立起来的转基因新技术路线预示着我国在建立"天然动物制药厂"中走在了世界前列。

除了转基因羊以外，将猪作为活的生物反应器的开发显示了更为美好的前景。早在1987年，美国一家公司就开始培育能够生产人的血红蛋白的转基因猪。转基因血红蛋白中不含病原体，输血时无需作血型分析和匹配，而且有效放置时间较长（42天），作为人血的理想替代品，其经济效益是很大的。该公司在1992年已得到近10头这种转基因猪，他们采用离子交换层析法，可从转基因猪的血中得到95％的人血红蛋白。

最近，科学家们又有了一个大胆的设想，能不能将猪的基因经过重组，使其器官中含有人体蛋白，用于人体器官的移植呢？英国的科学家最先进行了这方面的大胆尝试。他们把人体基因注入近2500头猪的受精卵中，获得了49头带有人体基因的猪崽，其中38头存活。再用这些转基因猪进行杂交，获得第二代猪，研究发现其器官中的人体基因及人体蛋白含量比第一代猪崽增加了一倍。美国的几家生物工程公司也分别采用这种办法，使猪体内，包括内脏主要器官中出现了人体内才有的蛋白质，从而使猪与人的主要脏器内的成分彼此间的差异缩小，使猪的心、肝、肺等在人体内受到免疫排斥的程度降低。在迄今为止所有的试验中，植入带有人体基因的猪心脏后，猴子的最长存活期可达63天，平均存活期也达到了40天。这些试验证明，采用这种方法有朝一日就会解决提供移植的人体器官的不足。据不完全统计，全世界每年平均有近200万名病人需要进行心、肾等主要内脏器官的移植，通过转基因猪将给器官衰竭的晚期病人带来福音。

● 会发光的老鼠和吐彩丝的蚕

1999年5月14日，美国夏威夷大学的安东尼·佩里教授宣布，他用一种新技术已培育出一种会发出绿色光的老鼠。

佩里采用的新技术是，先把老鼠的精液冻干，然后把一种来自水母的基因（这种基因能够发出绿色的荧光）置入精子中去，最后把改变了的精子注入到老鼠的卵中，再利用胚胎移植技术，将受精卵发育的胚胎放置在雌性老鼠的子宫内，孕育成老鼠。

研究者在实验室制取的胚胎中，有多达80％的胚胎含有发绿色荧光的基因，但是其中只有1／5的胚胎实现了妊娠并表现出这种基因的特征。不过，采用这种方法有20％的总体成功率，与目前所使用的方法相比，已经高出很多了。利用这种技术所传递的基因还可以遗传给以后的子代，也就是发绿色荧光的老鼠，其后代也会发绿色荧光。

大家会问，人们培育发光的老鼠有什么用呢？

其实，发光的基因可以作为一种标记，将它与其他有用基因接在一起后，再转入其他受体动物时，如果这个动物会发出荧光，说明转基因成功了。利用这种方法可以培育带有人类基因的老鼠，从而能够在类似于人类的实验对象身上试验新药。

1999年3月18日出版的《基因和发育》杂志上报道说，日本研究人员已经利用基因工程技术使蚕吐出了彩色的蚕丝。

京都大学的科学家们用一种基因改性昆虫病毒感染了蚕的幼虫。这种病毒携带一种丝蛋白基因，但是这种丝蛋白基因经过了加工改造，其中含有来自水母的绿色荧光蛋白质基因的信息。

病毒感染幼虫细胞之后，就嵌入蚕的DNA中，用改造后的基因取代蚕的正常基因。但蚕吐丝时这种丝是一种能够在黑暗中发绿色荧光的纤维。

利用这项研究成果，人们有可能通过培育蚕来生产有重要工业用途的蛋白质，比如蜘蛛丝蛋白，它是制造防弹背心和降落伞所用纤维中的必要成分。

# 六、破译人体密码的"天书"

人类基因组计划就是"解读"人的基因组上的所有基因。由于我们人类的基因组是23条染色体，但因为X与Y染色体不同源，所以人类基因组计划的最终目的就是分析这24条（22条常染色体和X、Y性染色体）DNA分子中4种碱基的排列顺序，并了解它们的功能。但是，人类基因组共含有$3×10^9$个碱基对，24条DNA分子连接起来1米多长。这么长的DNA分子，就像要搞清"长城"上的每块"砖头"（碱基）一样，要把如此巨大的DNA分子的碱基序列全部准确无误地读出来，的确是一个非常困难的任务。

为了解决测定人类基因组全序列这一难题，科学家们采取了两步走的策略。第一步叫作"作图"；第二步就是"测序"。"作图"就是"基因定位"，即确定每个基因在染色体上的位置及其碱基序列。如果把基因组比作哥伦布刚刚发现的美洲大陆，作图就是绘制新大陆的地图。我们都知道地图有很多种，有自然区划图、行政区划图等等，每种地图的用途不同，其比例标尺与精细程度也不同。绘制人类基因组图谱，也由于对染色体描写程度的不同，因而其显示的作用也有区别，对科学家们来说需要绘制四张基因图。因此，人类基因组计划

分两个阶段进行，第一阶段叫DNA序列前计划，主要是绘制遗传图谱和物理图谱；第二阶段叫DNA序列计划，主要是"测序"，绘制序列图谱和转录图谱。序列图是搞清人类基因组图谱最基础的核心内容，这张图谱最重要，也是最"值钱"的一张图。

● 遗传图——标记DNA分子的基因位点

在电视剧里常常播放这样的故事：人们中间流传着一批宝藏埋藏在某个地方，有些人想得到它，那最需要的是什么呢？当然是藏宝图了，因为有了这张藏宝图，就可以知道宝藏放在什么地方，以及寻找宝藏的路线。因此，人们为了获取藏宝图而争斗不已。在基因组的研究中，遗传图谱就相当于基因组的"藏宝图"，这张"地图"标定得越细，对基因组中的角角落落就知道得越清楚，也就越容易找到所要的"宝藏"——基因。

遗传图谱也叫连锁图谱或遗传连锁图谱。它是以某个遗传位点具有的等位基因作为遗传标记，以此为"路标"，以遗传学上的距离（也叫遗传距离，其单位以厘摩表示），为"路标"之间的距离。遗传距离是以两个遗传位点之间进行交换，发生的基因重组的百分率来确定时，重组率为1%，即1个厘摩。根据遗传距离就可以绘制出基因在染色体上的遗传图谱。在前面介绍的连锁遗传中我们曾提到，在同一条染色体上的两个基因，它们发生互换和重组的概率越大，说明它们之间的遗传距离越远；相反，遗传距离就越近。遗传距离不是一个具体的计量单位，而是人们设想的相对距离单位，以此作为遗传标记的距离。我们知道，在人类基因中，有些基因是稳定遗传的，目前已搞清它们在某条染色体上所在的位置，这样可以利用这个基因作为标记基因的位点。如ABO血型基因、Rh血型基因和人类白细胞抗原（HLA）基因等都可作为标记基因位点。然后，利用这些基因检测与其他基因是否有连锁关系，如果有连锁关系，说明它们在一条染色体上，再根据重组率确定它们之间的遗传距离，这样便可以绘出染色体遗传图。

不难看出，建立人类遗传图的关键是要有足够多的遗传标记。但目前人们所知的这样的遗传标记信息量不足。而人类的基因组又很大，不能像做细菌的遗传图那样，仅仅根据有限的遗传标记就可以完成。这样，就限制了人类基因组的遗传分析工作。所幸的是随着DNA重组技术的发展，科学家们开展了以限制性片段长度多态性的分子标记工作，并已实现了遗传分析的自动化。1991年，遗传标记开始了用自动化操作。到了1994年，美国麻省理工学院的科学家们一天已经可以对基因组进行15万个碱基对的分析，这就大大提高了绘制遗传图谱的速度。至1996年初，所建立的遗传图已含有6000多个遗传标记，平均分辨率即两个遗传标记间的平均距离为0.7厘摩。过去人们一直认为，很难绘制成人类自身的遗传图，但今天人类终于有了自己的一张较为详尽的遗传图。想一想，有6000多个遗传标记作为"路标"，把基因组分成6000多个区域，只要以连锁分析的方法，找到某一表现型的基因与其中一种遗传标记邻近的证据，就可以把这一基因定位于这一标记所界定的区域内。这样，如果想确定与某种已知疾病有关的基因，即可以根据决定

疾病性状的位点与选定的遗传标记之间的遗传距离，来确定与疾病相关的基因在基因组中的位置。

● 物理图——确定DNA分子的"里程碑"

　　物理图是基因组计划的第二张图。物理图是一种以"物理标记"作为"路标"，确定基因在DNA分子上的具体位置的基因图谱。它与遗传图不同的是把基因在染色体上的位置再标记到DNA分子上。物理图的制作目标与遗传图相似，只是它们所选择的"路标"和"图距"的单位有所不同。物理图的"路标"是STS（序列标签位点）。每个STS约有300个碱基的长度，在整个基因图组中仅仅出现一次。"图距"的单位是bp（1bp即表示一个碱基对）、kb（1kb=1000bp）和Mb（1Mb=1 000 000bp）。物理图与遗传图相互参照就可以把遗传学的信息转化为物理学信息。如遗传图某一区的大小为多少厘摩可以具体折算物理图为某一区域大小为多少Mb。绘制物理图的"路标"需要筛选大量的物理标记以及进行大量复杂和烦琐的分析。据估算，绘制物理图谱要进行1500万个分析，一个研究人员即便每周连续工作7天也要工作几百年。幸运的是，现在有了一种大型仪器，可同时进行15万个分析，研究者仅用1年的时间就能筛选出足够的遗传标记。1995年，第一张被称作STS为物理标记的物理图谱问世，它包括了94%的基因组的15 000多个标记位点，平均间距为200kb（这就是所谓的分辨率）。这样，物理图就把人类庞大的基因组分成具有界标的15 000个小区域。

那么，物理图谱是怎么绘制的呢？

有两项技术为绘制精细的染色体物理图谱奠定了基础。第一项是利用流式细胞仪进行染色体的分离。处在细胞分裂时期的染色体是一种致密和稳定的形体结构，在温和条件下使细胞破裂，释放出完整的染色体。当染色体流过激光检测器时，按照其DNA含量的不同，可以把每条染色体分开收集起来。这样，就可以给每条染色体制作一个基因文库。第二项技术是体细胞杂交，即把人的细胞与小鼠的肿瘤细胞融合在一起。这种"杂种细胞"在培养的过程中，由于细胞分裂时人的染色体分裂慢，鼠的染色体分裂快，于是逐步把人染色体排斥掉，最后只剩下一条人染色体时细胞就比较稳定了。把这种带有某一条人的染色体的杂种细胞进行传代培养，就得到一系列细胞系，每个细胞多一条人的染色体。这样的细胞系对于把某个基因或DNA片段迅速定位到染色体上是非常重要的。例如，当杂种细胞保留了人类第1号染色体时，能够形成肽酶C；如果丢了第1号染色体，则不能形成肽酶C。所以，可以认为控制肽酶C合成的基因位于第1号染色体上。

人们采用上述方法分别得到每一条染色体以后，便可以提取出每条染色体的DNA分子，这样就为DNA分析奠定了基础。

由于染色体的DNA分子很长，所以先用限制性内切酶切割成一定长度的DNA片段，然后对每一DNA片段再进行分析。因此在进行DNA序列分析之前，先绘制一种分辨率比较低的物理图谱——"大尺度限制性图谱"。用识别位点出现频率很低的限制性内切酶对染色体DNA进行切割，得到大片段DNA，用脉冲电泳进行分离，然后再把这些片段在染色体上的位置排出

不愧为20世纪的"生命周期表"。

**物理图——基因组计划中的里程啤**

来，就会得到一系列由限制性内切酶位点分布和排列特征的染色体DNA的物理图谱。以上就是物理图谱的另一含义——"铺路轨"。这种图谱比较粗略，不能对特定基因进行精细定位。依据这种图谱可以把特定的DNA序列片段定位到100kb到1Mb的区域。

近年来，科学家们又发现了一种绘制精细物理图谱的方法。他们利用酵母人工染色体和细菌人工染色体，可以构建出每个克隆携带1Mb染色体DNA片段的文库。所谓"文库"即包括染色体上所有DNA片段的无性繁殖（即克隆）系，它含有整个染色体的遗传信息。这样，每个染色体只需要少量克隆就可以覆盖全部DNA分子。用一种短而独特的DNA序列片段（STS）作为分子标记，这种序列标记的位点可以用来把基因文库里的克隆按照其携带的染色体DNA片段在染色体上的实际位置进行排序。对这些大片段（1Mb）还可以进行亚克隆，最后得到一系列可以直接用于测序的小片段DNA克隆。

我们可以比较一下各种基因组图谱。遗传图是以各个遗传标记之间的重组频率为定位的尺度，因而是一种最粗略的图谱。物理图谱里，限制性内切酶图谱是以1Mb到2Mb为尺度的；由酵母人工染色体克隆排序组成的物理图谱分辨尺度是40kb。物理图谱的分辨与精细程度随着技术发展不断提高，物理图谱的最终形式就是DNA碱基序列本身。

人类基因组物理图的问世是基因组计划中的一个重要里程碑，被遗传学家誉为20世纪的"生命周期表"。与化学家门捷列夫在100多年前所发现的"元素周期表"相比，"生命周期表"意义同样重大和深远。在遗传图上，我们只能确定某一基因的大致位置范围。而遗传图与物理图相结合时，我们便能迅速确定这一基因在DNA分子上的确切位点了。

● 序列图——揭开DNA分子的内幕

序列图是在物理图基础上的进一步升华，是最全面、最详尽的物理图，也是人类基因组计划中定时、定量、定质的最艰巨的任务。

人类基因组DNA序列图的绘制工作，可以做这样的比喻：假如说人们只穿4种颜色的衣服：红、绿、蓝、黑，人类基因组计划就相当于把世界上30亿人所穿的衣服都搞清楚，而且注明位置顺序，如所在的国家、城市、街道、楼房、房间。人类基因组DNA序列图的绘制，是在上述2张图的基础上，采取了"分而胜之"的"从克隆到克隆"的策略。科学家们根据已在人类基因组中不同区域定好位置的标记（也就是遗传图的"遗传标记"和物理图的"物理标记"），来找到对应的人类基因组"DNA大片段的克隆"。这些克隆是相互重叠的。再分别用仪器测定每一个克隆的DNA顺序，把它们按照相互重叠的"相邻片段群"搭连起来，这样便测出了DNA的全序列。

为了测定这些大批段DNA克隆的序列，要将这些DNA克隆按遗传图与物理图的标记，切成1000个核苷酸左右的小片段，再"装"到一种细菌质粒的"载体"上，送进细菌中克隆，大规模地培养细菌，再从细菌中提取这些克隆的DNA。这些克隆的DNA将作为测序的"模板"。这些DNA要求质量上很纯，数量上准确，还不能相互混杂。

在DNA模板制备好了以后，就要进入测序工作。第一步是"测序反应"。简单地说，是以要测的DNA为模板，重新合成一条新链，分别用不同颜色的荧光物质标记上。这样如果一段序列的一个位点上是A，就将代表A的荧光物质标记在A的后面。这好比一个姓T的人手中拿着红灯笼；一个姓A的人拿着绿灯笼；一个姓G的人拿着黑灯笼；一个姓C的人拿着蓝灯笼。这样在黑夜里，从灯笼的颜色我们就可知道是谁了。同样道理，由4种碱基形成的长度相差一个核苷酸的新DNA链，从结尾碱基显现出来的不同颜色的荧光，便可认定是：或A、或T、或G、或C。

测序反应做好后，第二步是上"自动测序仪"分析。自动测序仪能将长度仅相差一个碱基的DNA片段一一分开，由于不同片段"尾巴"的核苷酸已标有不同颜色的荧光染料，这样我们便可以很直观地读出A、T、G、C的排列顺序。

　　这些序列通过电脑加工，检查质量，再用一些特殊的电脑程序，将相互重叠的序列搭连起来。要确定每一位置上的核苷酸，至少要测定5~10次。如果中间有"空洞"，也就是有漏掉的测序核苷酸，还要将这些"空洞"用各种技术"补"起来，最后形成一个大片段克隆序列。这些序列片段再根据"相邻片段群"的重叠部分搭连起来，就组合成了一个染色体区域或一个染色体完整序列。如果将人类基因组的24条染色体的DNA序列全部测完，并绘制出序列图，这时人类基因组序列图谱才算大功告成了。

　　1999年12月1日，由美、日、英等国家的216位科学家组成的人类基因组计划联合研究小组在东京宣布：已将人类第22号染色体的3340万个碱基序列全部确定。这是人类基因组计划中完成的第一条染色体序列测定工作，其他的23条染色体的全序列测定将在2003年全部完成。由此，人类便打开了通向微观生命世界的大门，并为从根本上了解疾病的发病原因和人体生命活动的机理打下坚实的基础，这是有史以来人类在生物学领域迈出的最重要的一步。

## ● 转录图——书写DNA分子的生命乐章

　　转录图是基因组计划的第四张图。转录图就像生命的乐章，是一张极为重要的图谱。我们知道，只完成人类基因组DNA序列图谱是不够的，因为这些序列究竟起什么作用，怎么起作用，这是必须要解决的问题，否则序列图是没有意义的。

只有搞清这些序列的功能，才能了解序列图的真谛。

整个人类基因组虽然有30亿个碱基对，但只有2%～3%的DNA序列具有编码蛋白质的功能（约有10万个基因），而在某一组织中又仅有其中10%的基因（约1万个）是表达的，其他的基因都处于"休眠"状态，像冬眠的动物一样。我们知道，基因表达的第一阶段就是"转录"。如果能把这些表达的基因制成一个转录图，那我们就能清楚地知道不同组织的基因表达有什么差异；不同时期同一组织的基因表达又有什么不同；不同基因在不同组织中是表达还是沉默，表达水平是高还是低；身体在异常状态下（如病变、受刺激等）基因的表达情况与正常相比有什么不同……这些是科学家们最关心、最感兴趣的问题，也是人们对各种疾病进行深入研究的基础。

那么，怎样绘制转录图呢？

前面提到，生物性状是由结构蛋白或功能蛋白决定的。结构蛋白如动物组织蛋白、谷类蛋白等是构成生物体的组成部分；功能蛋白像酶和激素等在生物体新陈代谢中起催化和调节的作用。这些蛋白质都是由信使RNA编码的，信使RNA是由编码蛋白功能基因转录而来的。转录图就是测定这些可表达片段的标记图。如果说在人体某一特定的组织中仅有10%的基因被表达，也就是说，只有不足1万个不同类型的信使RNA分子（只有在胎儿的脑组织中，可能有30%～60%的基因被表达）。如果将这些信使RNA提取出来，并通过一种反转录的过程建成cDNA文库，然后再测定这些DNA的序列，最终就能绘制成一张可表达基因图——转录图。

所谓反转录，是指在反转录酶的作用下，由信使RNA反转录出DNA，这种DNA便称为cDNA。这种cDNA的碱基序列与转录信使RNA的DNA序列是一致的。分析cDNA序列就等于分析转录基因的DNA序列，由此把绘制可表达基因图称为转录图。

绘制转录图，就需要有大量可表达的DNA片段，所以首先要不断地丰富可表达DNA片段数据库。到1996年夏天，科学家们已收集到40万种可表达DNA序列，但这个数目并不代表人类基因组中可表达基因的数目（6万~10万个基因克隆），因为一个全长的拷贝DNA可能产生几个重叠的可表达DNA片段。最近，美国人类基因组科学公司称已得到了超过85万个可表达DNA片段的数据库，对应于可能的6万个不同的基因，这与人类基因组的全部基因数已相差不多了。现在，国际数据库中所贮存的可表达DNA片段的数量正以每天1000多个的速度增加着。

有了这些可表达DNA片段，下一步就是将这些可表达DNA片段在人的基因组中定位，即将这些可表达DNA片段与某些疾病的易感位点联系起来。目前，许多国家正在寻求合作，通过对这些可表达DNA片段进行染色体定位，绘制出一个真正的"转录图谱"。

现在，国际合作的人类基因组计划，已公布了至少160多万个拷贝DNA片段的部分序列，科学家们称之为"能表达的标签"。这160多万个来自不同组织的拷贝DNA片段序列，经过分析与拼接，至少代表了万余个不同基因的部分DNA序列。目前，科学家们尚需把这些转录的DNA搁到人类基因组的特定位置上，从而绘出真正的基因表达图。

● 人体基因的重大发现

　　科学家们设想，今后对付恶性疾病，要采取基因治疗的方法予以根除。但是要进行基因治疗应具备两个要素：一是要掌握致病基因，实际上是要掌握相应致病基因的正常型基因；二是要具有基因的载体。目前，基因载体虽然还没有达到尽善尽美的程度，但可供应的不少，所以关键在于掌握致病基因。囊性纤维变性致病基因在1989年取得基因克隆，经过短短3年多时间，便在1993年实施了基因治疗并取得了较好的疗效。可见一旦有了某一致病基因的克隆，一般就能实施基因治疗，对该致病基因进行修补或替换，使其变为正常基因。人类基因组研究计划的一个重要目的便是为提供各种致病基因做准备。根据以上要求，科学家们的目光纷纷转向了寻找人体的各种基因，现已取得一些成果。

### 全色盲基因

　　20世纪70年代科学家们发现，在太平洋的一个小岛上，居住着一群奇特的居民。这个岛叫Pingelep，属于密克罗尼西亚联邦，岛上每20个人中就有一名全色盲者，而在世界范围内，则是每50 000人中才有一名色盲患者。这个岛上的色盲人与一般的色盲人不同，他们不仅不能正确识别颜色，而且完全看不见颜色。他们看这个世界，就像看黑白电视机一样。

　　这一奇怪而有趣的现象，吸引了科学家们的注意。经过

30年的探索，科学家们终于找到了引起全色盲的基因。尽管目前还没有找到治愈这种病的办法，但是科学家们可以帮助人们避免出生色盲患儿。由于先天性全色盲症一般属于染色体隐性遗传，同代发病率为24.4％。根据这种病的遗传规律，科学家们就可以告诉岛上居民，应禁止近亲结婚，提倡与岛外居民通婚，尽量避免引发孩子再患全色盲的危险。

**先天性近视眼基因**

原上海医科大学的一位教授，利用小鼠模型进行数量遗传和多基因定位研究。他发现，先天性近视眼患者的眼球比正常人大。为寻找原因，他利用小鼠模型对此问题进行了深入研究。经过近一年的研究，他首次发现了两个控制小鼠眼球大小的基因：eye1和eye2。其中，eye1位于第5号染色体上，eye2位于第7号染色体上。研究结果表明，有eye1和eye2基因的小鼠眼球比没有这两个基因的小鼠的眼球平均增重0.5毫克。由此说明，这两个基因的有无决定了小鼠眼球的大小，有这两个基因眼球就大，反之则小。虽然小鼠模型不能完全等同于人，但小鼠模型和人很相似，所以这为寻找先天性近视眼的"元凶"提供了强有力的实验依据。

此外，据近来报道，科学家们已发现控制人类眼睛形成的基因。这个基因起名叫Pax6。如果Pax6基因出现异常，将影响眼睛的正常形成。

**与心血管病有关的基因**

以哥斯达黎加大学教授为首的研究小组，经过5年的研究发现，人类的心血管病同人种的遗传基因有一定关系。拉美土著人种比纯种欧洲人更易患心血管病。他们通过对两类人种遗传基因所表达的凝血酶原、类半胱氨酸等心血管变异因素的对比分析证明，类半胱氨酸的增多能损害血管内皮，引发血栓疾病，而凝血酶原偏低则是引起血管出血症的重要原因。这个小组的研究结果显示，拉美土著人遗传基因所表达的类半胱氨酸及凝血酶原含量同欧洲人相比差异甚大，如哥斯达黎加医院血库中的血液类半胱氨酸含量高达68.3%；哥斯达黎加人凝血酶原的含量为零，而德国人的含量较高。因此，心血管病已成为哥斯达黎加人健康最主要的杀手之一。

加拿大的科学家经过6年的实验，终于找到了一种心脏病致病基因，从而为预防和治疗人类心脏病带来了希望。

加拿大安大略癌症研究所的一个科研小组在实验中发现，带有一种叫作P56LCK基因的人容易患心脏病。这种基因能够通过感冒病毒进入心脏，导致心肌坏死。为了证实这一推测，研究人员在6年时间里从人体内逐步分离和确定出P56LCK基因，并在白鼠身上进行实验。结果发现，一旦注入感冒病毒时，体内不存在P56LCK基因的白鼠的心肌遭到严重损害，它们多数死亡，其余则患上慢性心脏病。因此，这进一步证明P56LCK基因是一种心脏病致病基因。

### 致癌基因与抑癌基因

目前，癌症属于不治之症，人们"谈癌色变"，它是人类最危险的杀手之一。

经过科学家们的不懈努力，迄今发现癌基因有两种类型：一种是病毒癌基因，来自于病毒；另一种是细胞癌基因，或称原癌基因，来自于宿主细胞。

关于病毒癌基因，早在1911年茹斯从病鸡身上分离到鸡的肉瘤病毒，他将这种病毒注入幼鸡体内，几天以后鸡就会出现肉眼可见的纤维肉瘤；如果用这种病毒在体外感染胚胎或纤维细胞，24小时就可以诱发出表型转化，出现肉瘤。

近年来的研究已经证明，白血癌病毒和鸡的肉瘤病毒都是RNA肿瘤病毒，都具有致癌基因。例如，鸡的肉瘤病毒，具有癌基因V-SRC，它编码一种蛋白质激酶，能使细胞质膜上的蛋白质磷酸化，促进细胞的无限生长，从而形成肿瘤。此外，人们还发现一些致癌性DNA病毒，如乳头瘤病毒、多瘤病毒和猴空泡样病毒等均有致癌作用。据研究，人类的恶性肿瘤约有5％是由病毒引起的。

细胞癌基因是在1969年由美国学者希布纳和托达罗首先提出的。他们认为在所有细胞中都包含致癌病毒的全部遗传信息，这些遗传信息代代相传，其中与致癌有关的信息称为癌基因。在通常情况下，癌基因处于被阻遏状态，只有当细胞内有关的调节机制遭到破坏的情况下癌基因才表达，从而导致细胞发生癌变。到了20世纪80年代初，由于重组DNA技术和哺乳动物细胞转化技术的发展，人们陆续发现在脊椎动物（包括人类在内）的细胞中都有类似病毒癌基因的同源DNA顺序，这些顺序称为原癌基因或细胞癌基因，它来源于正常的细胞基因。原癌基因是细胞固有的基因成分，正常情况下它不仅对细胞无害，而且具有重要的生理功能。当吸烟、病毒感染、紫外线照射时，原癌基因就有一种突变或异常的形式表达，此时原癌基因就成了癌基因。

无独有偶，人们近年来又发现有抑癌基因。

意大利米兰欧洲肿瘤研究所的一个研究小组发现，一种被称为PML的基因能阻止肿瘤细胞的生成。进一步研究结果显示，当一个细胞出现变异迹象时，PML基因很快就会"感觉"，并被激活，继而它又会作用于P19和P53两种基因，这两种基因有抑制肿瘤细胞形成的功能。因此，在PML基因产物增加时，基因P53和P19被激活，肿瘤细胞随之死亡。

从以上我们可以看出，虽然目前科学家们还没有找到彻底治愈癌症的有效方法，但人们已有了许多预防癌症的有效措施。

**肥胖基因和苗条蛋白**

现在人们的生活水平提高了，许多人都在注意减肥。人们过去通常认为肥胖主要与饮食和环境因素有关系。其实，肥胖是一个复杂的生理和病理过程，与多种严重危害人类健康的疾病有密切关系。近几年来，人们认识到肥胖也与基因有关系。

我们经常会遇到这样的现象：为什么吃同样的东西，有些人胖，有些人瘦呢？这暗示了可能与不同人的遗传基因差别有关。通过对小鼠的研究，科学家们发现5种单基因突变可以引起小鼠遗传性肥胖。其中最受重视的是肥胖基因，命名为ob基因。1994年底弗里德曼成功克隆了小鼠的ob基因，并确定了其所编码的蛋白质。ob基因位于小鼠的第6对染色体上，它仅在白色脂肪组织中得到表达，编码的蛋白可作用于下丘脑，产生抑制摄食、减轻

我吃得很少，为什么比她还胖呢？

减肥有时也解决不了肥胖的问题

肥胖、减少体重的效应。所以有人称这种蛋白为"苗条蛋白"或"瘦小素"。如果把"瘦小素"移植到老鼠身上验证，就会发现老鼠体重会下降12%，这说明人体如果有了"瘦小素"以后，就有可能既可满足食欲，又不会长胖。但在人身上的作用究竟如何呢？这还需要进一步的试验。ob基因既然编码"瘦小素"，又为什么叫肥胖基因呢？因为ob基因发生突变或者"瘦小素"发生变化以后，都能引起小鼠或大鼠发生肥胖。至于人类的肥胖症是否与肥胖基因突变有关，尚待科学家们进一步的研究。

## 人类性格基因

我们知道，有的人性格开朗，有的人沉闷，有的人爱生气……人类性格的这种差别，根源到底是什么呢？有人会说，这是由遗传和环境决定的。但是，这又是怎么决定的呢？一般的观点是，人的外貌是由遗传决定的，而人的性格则是由环境所造成的。然而，我们不禁要问，难道人的外貌就没有环境的作用？难道人的性格和遗传就没有任何关系吗？

近年来，科学家们在寻找人类性格基因方面迈出了重要一步。在美国、以色列等国及欧洲就发现有15%以上的人具有暴躁、好奇、冲动、好走极端等性格基因，发现这种基因后，科学家们就可以对症治疗或设法缓解病人的症状了。性格基因最突出的是自杀基因，这个基因与家族遗传有关，比如作家海明威是自杀的，其父母、兄弟也都是自杀的。

科学家们还发现了"忠诚基因"。美国埃默尔大学的科学家们最近发现了一种与普通老鼠不同的大草原田鼠。这种田鼠对配偶极为忠诚，它们全都对"妻子"从一而终，这引起了科

学家们的注意。他们通过DNA分析，发现大草原田鼠的DNA链中有一种基因，专门负责使它们一辈子只忠诚一个配偶，并且对孩子悉心照料。进一步研究，科学家们把这种基因注入普通老鼠体内，结果发现，普通老鼠也具备了大草原田鼠的这种特点。

科学家们对首次发现这种基因十分兴奋，因为他们不但在老鼠身上取得了实验成功，而且在灵长类动物身上也很奏效。这足以证明在人体上也有同样的情况发生。因此，从理论上来说，将来科学家们可以让所有的"西门庆"、"陈世美"们都变成模范丈夫。


● 无与伦比的基因诊断技术


一个人如果得了病，医生首先要对他进行病情诊断，确定他得的是什么病，然后对症下药，病人才能康复。

诊断疾病的方法很多，目前医生一般采用的是从病人的症状推断可能发生的疾病。所以，每当我们去医院看病，医生们总是先通过看、闻、摸、切（切脉）等方法了解病情，然后还要开具几项检查项目，待检查结果出来之后，才会对症下药。现在医院检查的手段有了很大进步，医生们不仅能根据B超、核磁共振、CT、胃镜等现代化仪器对患者的病变做出明确的定位诊断，还能在细胞和分子水平上对疾病的性质等做出断定。自从20世纪70年代以来，又出现了基因诊断新技术，对人类疑难杂症实行基因水平的诊断。近10余年来，由于PCR等新技术的出现和人类对自身基因认识的不断深入，疾病诊断已步入了一个新的阶段，它带来了医学诊断学领域的一场深刻的革命。

一方面，由于基因诊断技术的不断发展和更新，科学家们不仅揭示了大量遗传病的分子缺陷，而且已能在转录水平上对病人进行诊断；另一方面，基因诊断的实用性也不断提高，适用范围也越来越广，从遗传病逐步扩展到了感染性疾病、肿瘤、心血管疾病、退行性疾病、寄生虫病等。对胎儿的产前诊断也成了提高人类素质的有效手段。此外，基因诊断技术在法医学也得到了广泛的应用。

目前，通过基因诊断，科学家们已鉴定出亨廷顿舞蹈病、囊性纤维变性、乳腺癌等400多个基因。但是，这些病多是由单基因引起的，比较容易诊断，而大多数人类疾病，如重度肥胖、哮喘、肿瘤、精神疾病和多种自身免疫疾病等是多基因与环境相互作用的结果。于是科学家们又继续探索新的方法，使基因诊断从简易性状走向复杂性状。

基因诊断的具体方法包括分子杂交、PCR或两者兼有的技术方法，其基本原理是从正常和异常基因组的相同或者差异入手，要么寻找两者的差异序列，要么寻找两者的相同序列，从中分离、鉴定与所研究疾病相关的基因，然后确定导致该病的分子缺陷。近年来，发展起来的基因芯片技术，使得基因诊断技术从以前的一个或几个基因的诊断发展为集约化基因诊断，即同时对数百个、数千个，甚至数万个基因的诊断。这样就完全有可能通过对某一疾病相关的所有基因检测后，根据患者个体基因型的不同情况，采取针对性的药物治疗或基因治疗，进而达到最佳的治疗效果。这种方法不仅简便，而且用一个细胞

的样品就可以诊断。由于基因芯片技术的发展，21世纪人们的
基因诊断，不仅可能贯穿对疾病治疗的全过程，也可以贯穿人
的一生，并且可以通过生物信息的处理得出最有诊断意义的结
果。通过早期预测和提前治疗，达到真正意义上的疾病防治。

● 初露曙光的基因疗法

　　现在人们得了疾病主要靠药物治疗或手术治疗。未来的疾
病治疗将以基因治疗为主，即把人的正常基因导入病人体内，
使它代替异常致病基因，从而达到治疗目的。这种基因疗法将
来可能成为医生与人类数以万计的遗传疾病、癌症和衰老进行
斗争的强有力武器。

　　过去人们一发现自己的子女或其他亲人发生了或者可能
发生遗传疾病时，立即倒吸一口冷气，浑身发凉，好像碰上了
无可逃避的厄运，遭到了无法解脱的灾难。医生们一见到这种
病人，也马上摇头挥手，认为是不治之症，他们无能为力，只
有对病人好言相劝，推出门外，请他们另找高明。可是茫茫尘
寰，到哪里去找所谓的"高明"呢？于是病人只有缠绵床褥，
痛苦终生，直到受尽折磨悲惨地离开人世。现在，基因工程的
诞生为治疗遗传疾病带来了希望。近年来，有人提出，运用基
因工程技术把致病的基因"切割"下来，"镶补"上健康的基
因，或把健康的基因引入患者细胞中，取代或矫正有缺陷的基
因，达到根治遗传病的目的，这就是所谓的"基因治疗"方
法。当然事情并不是那么容易。人的基因组成、基因位置及基

因表达的调控机制还没有搞清楚，要想在近期内就施行"基因治疗"还不可能办到。可是，我们也应该看到，由于近代医学的发展已研究出对某些遗传疾病的早期诊断、早期预防和早期治疗的新方法和新技术。使年纪轻轻即将离世的病人，也能达到正常寿命；原来终生畸形的人也能得到矫正；"不治之症"已经转化为"可治之症"了。特别是随着人类基因组计划的完成，可提供的正常基因越来越多，因而像遗传病、恶性肿瘤、艾滋病、心血管病等都将成为可治之症。展望未来，我们充满了信心，一切遗传疾病和疑难杂症都将成为可治之病。下面让我们看一些取得初步成果的尝试性的研究工作。

高精氨酸血症是一种遗传病，致病原因是患者细胞内缺乏

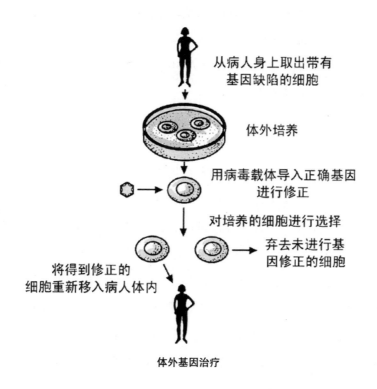

从病人身上取出带有
基因缺陷的细胞

体外培养

用病毒载体导入正确基因
进行修正

对培养的细胞进行选择

弃去未进行基
因修正的细胞

将得到修正的
细胞重新移入病人体内

体外基因治疗

产生分解精氨酸酶的基因。因为血液中缺乏这种酶，使精氨酸在血液中积聚，成为高精氨酸血症，造成患者智力发育不全，营养不良，治疗很困难。

美国奥克希研究所在研究一种引起家兔皮肤疣的病毒时，不幸研究人员感染了这种病毒，但并不使人生成皮肤疣，却由于病毒含有分解精氨酸的酶使感染者血液中精氨酸分解掉，从而造成低精氨酸血症。

这时，德国克鲁大学医学院小儿科收留了患高精氨酸血症的两个姐妹，试图用注射乳头瘤病毒的方法补充这对姐妹因基因缺陷而不能产生的精氨酸酶。结果奇迹发生了，经两次注射病毒，两姐妹的精氨酸浓度下降了20%。同年8月，两姐妹的弟弟出生了，同样患高精氨酸血症，出生后两个月血液中精氨酸比正常人高6倍。经用病毒疗法补充基因缺陷，到第六个月时血液中的精氨酸含量下降到正常人的2倍，其后又陆续减少，含量稍高于正常人的水平。

这个偶然发现还谈不上什么基因工程，但从补充基因的做法来看，是很有启发意义的。

1992年，一位美国科学家报告了一例基因治疗的结果：他们对一位患家族性高胆固醇血症的姑娘，利用基因治疗获得了疗效。人体内如果胆固醇含量过高，会引起动脉粥样硬化，从而引起一系列心血管疾病。接受治疗的是一位28岁的姑娘，在她16岁时曾发生过心肌梗死，26岁做了动脉搭桥手术，疏通了被堵塞的血管，但因为病是由于缺乏一种叫低密度脂蛋白受体基因而引起的，一般的常规手术只能是治标不治本。为此，她必须接受基因治疗，身体内导入一种低密度脂蛋白受体基因。

医生先用手术刀切下患者15％的肝脏，切碎后放在适当条件下体外培养。把低密度脂蛋白受体基因先导入病毒，构成一个装有目的基因（即低密度脂蛋白受体蛋白基因）的病毒载体，由这个病毒载体去感染肝细胞，经过短期的培养再输入病人体内。6个月后，患病的姑娘血清中的胆固醇含量明显下降，2年后，科学家再次报道了这位患者的情况，病人体内接受的目的基因工作正常，病情保持稳定。这可能是人体基因治疗目前获得最稳定疗效的第一例病人。虽然整个治疗过程十分复杂而费力，但医生一手"拿基因"，一手"拿手术刀"巧妙地用基因延长了一个年轻的生命。

我国的遗传学家在基因疗法方面也创下了一个世界首例。1991年，复旦大学遗传研究所的教授们成功地完成了世界上首例血友病的基因治疗。血友病是因为病人体内缺乏一种凝血因子基因，而使人身体各个部位经常自发流血不止，或一受伤就流血不止。病人靠长期定期输血维持生命。研究者把含有凝血因子基因的病毒载体制成注射液，这时的病毒不再具有致毒能力，而是专门负责运送有用的基因。向病人皮下注射这种药液，进入病人体内的凝血因子基因就会不断制造出凝血因子，使病人的凝血能力大大增强，病情大为缓解。

基因工程这门新兴的学科虽然问世不久，但在短短的30多年时间里，像雨后春笋般地正在茁壮成长着。展望未来，基因技术前程似锦。

● 解读人体"天书"路漫漫

科学家们普遍认为，21世纪初可以宣告人类基因组计划的完成，这已经指日可待了。到那时，科学家们不但绘制了很精密的遗传连锁图和物理图，而且也将获得破解人类基因组全部约30亿个核苷酸碱基的排列序列图。这是人类科学史上的伟大科学工程，它对人类认识自身有极其重大的意义。但是，当我们拿到了完整、详尽的人类基因图时，对于生物学来说是不是就意味着以后的生物学家只需要做些补充的工作就可以了呢？实际上远没有那么简单。尽管人类基因图谱已绘制成功，科学家们已书写了24卷人类染色体基因序列图，但真正的工作才刚刚开始，科学家们下一步的工作是想办法对"生命天书"进行解读，科学家们利用人类基因组为人类服务的工作也才开始起步……人类基因组的研究是无止境的，人类探索生命的奥秘永远没有尽头。

**永恒的旅程**

在人类基因组研究中，科学家们很自然会提出：人类到底有多少基因？目前这仍然是一个很难准确回答的问题。

人类基因的数目一直是科学家们所关注的对象。一般科学家们认为：人体有5万~10万个基因。可是在2001年2月，绘制人类基因组工作框架图谱的科学家们说，人体基因数目比原来想象的要少得多。美国的塞莱拉基因组技术公司的董事长文特尔博士说，他已确定了26 588个带有蛋白质密码的基因，可能还有1.2万个基因。由此，一些科学研究小组说，人体有3万至4万个基因。人体基因数目较少，比如说3万个，这对于医学家们来说无疑是件好事，因为这意味着需要了解的基因就比较少，这对攻克疑难疾病来说当然是有利的。但是，对以自我为中心的人来说，人类的自尊受到了影响。在已经完成基因组测序的另外两种动物身上，科学家们发现线虫有1.9万个基因，果蝇有1.3万个基因。人类基因只有3万个左右，比低等的线虫的基因数目仅仅多1 / 3！这是对人类尊严的挑战。

难道人体基因真的那么少吗？

2001年4月9日，美国《波士顿环球报》上登载了一篇消息，人类基因组科学公司首席执行官威廉·哈兹尔廷提出，应重新计算人体基因。他认为，全世界最出色的遗传学家们在急于绘制基因图谱的过程中漏掉了数万个基因（大约6万个基因）。在一次采访时，哈兹尔廷对记者说："我们相信，他们漏掉了多达2 / 3的基因。我认为，他们在研究过程中和下结论时都犯了粗心大意的错误。"根据哈兹尔廷的猜测，人体基因应为12万个。

2001年8月又有一条消息，一种新的理论认为，人体基因数目不应是目前认为的3万多

什么？难道我的基因比一条恶心虫子的基因还多不了一倍吗？

**科学往往使我们面临一些意想不到的事**

个，而可能是这个数字的2倍。另外，曾有人推测超过10万个，但根据人体基因图的结论，这个数字又太多了。后来，第一个将人类基因数目提高到12万个的科学家哈兹尔廷也承认这个数字过于夸大。他说，他的研究小组已经认定有9万个基因。

人类到底有多少基因？至今仍未定论。根据前面所谈的情况，目前只能说，基因的数目"可能"有多少。而要真正搞清人类基因数目并不那么容易，因为全世界已有60亿人，而且还在不断增加着。即使已经得到了几个人的全部碱基序列，也不能代表所有人的全部碱基序列。虽然不同人之间的基因组具有大致相同的DNA碱基序列，但人与人之间总是有差异的，彼此之间可能带有不同的基因，况且在人类进化过程中，一些新的基因还能不断产生出来。因此，想搞清楚全世界60亿人的全部碱基序列已很不容易，再搞清楚人类到底有多少基因更是难上加难了。如果还想搞清世界上的所有生物具有多少基因（总数）更是不可思议的事。看来基因的研究真是"永无止境"。

在人类基因组研究中，还会产生第二个问题：是不是一旦我们得到了全部基因的序列，并且搞清楚了它们所编码的蛋白质的意义，就算我们了解了人类的一切奥秘了呢？

我们应该清醒地认识到，这仅仅是阐明了结构基因组学的一小部分内容。人类基因组绝大部分都是没有功能意义（或还未认清它们的功能）的DNA序列，只有少部分（大约10万个基因）是有意义的。在获得基因组完整序列之后，下一步的工作是把其中的全部基因找出来。只有找到了这10万个左右的基因，了解了其编码的蛋白质的结构和基本功能，以及基因调控的机制，才可以说初步解开了人类基因组的奥秘。这是极其艰巨的工作。目前科学家们已从基因组序列找出来的人类基因已有3万多个，但是能与被编码的蛋白质对上号的也不过数千个。据国际最权威的数据统计，到2000年6月29日止，即人类基因组工作框架图宣告成功之时，只有6274个基因能与被编码的蛋白质对上号。这些数字离估计的人类基因总数10万个还差得远呢！人们希望在测定人类基因组全序列后，能大大加强鉴定人类基因和基因定位的进程。

我们鉴定出了基因，并对它进行了染色体上的定位，是否就算认清了基因的功能呢？这是远远不够的。目前虽然已鉴定出了3万个基因，但这些编码蛋白质的功能是什么？人类的生命过程是异常复杂的，那么，3万个基因是如何起作用的？要搞清这些问题只靠基因组研究是不能回答的，还要对蛋白质进行深入研究，才能初见端倪。在这种背景下，就产生了"蛋白质组学"。在基因组研究的基础上，开展基因的产物——蛋白质作用的研究，进一步探索人体生命的奥秘。

在人类基因组研究中，人们还有一个最关心的问题，这就是应用问题。即如何将近年来人类基因组研究的成果为人类的健康服务。这就涉及尽快将所发现的人体基因与人类疾病联系起来，以便进行基因诊断和实现基因治疗。另外，根据基因组的研究，设计适用于不同人类基因型使用的药物，以提高药物疗效。还要开展"比较基因组学"研究，研究人类和生物的进化……

总之，人类基因组计划的完成，仅仅是全面解开人类生命奥秘的起点，而绝非结束。未来的生命科学将继续向前深入发展。

### 后基因组计划的诞生

从1995年起，科学家们就认识到人类基因组计划完成以后，生命科学即将进入"后基因组时代"。后基因组时代，首先是完成人类结构基因组学的扫尾工作；其次是开展功能基因组学的研究。

我们前面曾提到，探索生命的奥秘，只对单个基因进行研究是不够的，还必须从基因组的整体角度出发，才能探知基因的真谛。于是，随着人类基因组计划的进行，整个生物学的研究进入了一个"基因组学"的时代，对生物的研究从表现性状和局部遗传信息的解读，进入到了从分析全基因组序列和对所有基因进行定位以及功能研究的阶段，从以单个基因为研究对象到以整个基因组为研究对象，生物学的研究方式发生了革命性的变化。在这种形势下，1986年，美国遗传学家罗德里克提出"基因组学"新名词，以此适应正在形成的一门新学科。随着基因组研究的新进展，基因组学又被细分为结构基因组学和功能基因组学。结构基因组学就是对基因组进行作图和测序；功能基因组学则是研究已测定DNA序列的功能信息，也就是它对表型的效应。这样，基因组学便成为研究基因组的结构和功能的科学。

目前，人类结构基因组学的研究即将完成，下一步的研究工作进入"后基因组时代"，主要集中开展在功能基因组学的探索工作。1996年完成的第一个真核生物基因组——酿酒酵母基因组的全序列测定以及对其所含基因的功能研究，为研究功能基因组提供了一个很好的模式，使人类及其他高等真核生物基因组的"基因功能作图"成为可能。当然，功能基因组学的研究任务更艰巨，更需要创新思维，更要发挥研究人员的聪明才智。这是为什么呢？

我们知道，生物体是一个非常复杂的开放系统，它时刻在自然界中摄取着大量能量和物质，同时，它也不断排泄着自己的代谢物，以保持自己的生存。同样地，隐藏在染色体里的基因也是如此，它们也必须时刻保持相互之间的联系，通过对基因的调控来实现有序的稳定状态。一个基因表达的蛋白质能控制另一个基因的开启和表达，各种各样的基因相互控制，结果形成一个极端复杂的控制网络。每个基因只是这个网络的一个点，它能和一个或几个基因有联系，而且每时每刻生命活动都要处理各种各样的问题。这时，信息就不停地触动这张基因构成的网，而这张网将根据接收的信息进行一定的反馈活动。这就像一个国家的国防部，在边界线上设置了许多岗哨，这些岗哨不仅通过电信系统要经常与国防部指挥中心联系，报告负责的边境地段有无异常情况，同时，各个岗哨之间也要保持联系，一旦发生险情，互通情报，因此就形成了一个巨大的情报网，从而保卫国家的安全。我们说的这个基因网，当它还有效时，作为整体它有很多功能，而当只注意它的某一个点时，你根本不能看出这些点的集合有什么样的功能。这好比我们只了解一个岗哨的作用或几个岗哨的作用，并不能全面了解国防部指挥中心所建情报网的重大作用。

由上面所述，我们可以看到，在进行基因研究时，科学家们往往把基因孤立起来，以尽量减少外界的影响，从而了解它的功能，用有限的几个指标来看看对它的表达有什么影响，于是就得出一个结论说这个基因和生物的什么功能有关。无疑这

种判定是不够准确的，有时甚至是错误的，因为很有可能造成孤立地观察一点，而忽略了该点在群体中的实际情况。我们举一个例子，你就会发现基因组的奥妙。

上面提到，通过基因组的研究发现，鼠和人的基因组大小相近，都含有约30亿个碱基对，包含的数目也相近。然而，人和老鼠的外表性状却差异那么大，这是因为什么呢？当我们比较了鼠和人的基因组组织之后就会发现，尽管二者的基因组大小和基因数目相近，但二者的基因组织却差别很大。这也好比说，一个国家国防部如何建立情报网络固然很重要，但是如何把各个边防岗哨组织起来，各尽其责地协调工作，才是充分发挥其巨大防御组织力量所必不可缺少的。

根据对人和鼠的基因组比较研究，存在于鼠1号染色体（鼠有21对染色体）上的类似的基因，人却分布在1、2、5、6、8、13和18号7个染色体上。也许鼠与人类遗传性状的表型差异，就来自于基因组组织的差异。有科学家估计，不同人种间基因组的差别不会大于0.1%，而人和猿之间基因组差别也不会大于1%。因此，产生表型差异的原因不仅在于基因DNA序列的差异，也在于其染色体上基因组组织的差异。在破译人和生物的遗传密码的过程中，为了探明基因的功能，从比较不同生物的遗传基因入手寻找基因组组织的差异是十分必要的。因此，比较基因组学是一个十分重要的研究领域。

从上面我们可以知道，对基因功能的研究是十分艰巨和困难的。但是，科学家们深信，虽然探索基因奥秘的征程刚刚起步，前面的路程不仅十分遥远，而且又是那么荆棘丛生，然而人类既已确定了方向，明确了目标，就会一往直前，不畏艰难险阻地向前走下去，直到最终揭开基因的全部秘密。

● 蛋白质组学的崛起

　　大家都知道，蛋白质是生物功能的主要承担者。随着人类基因组计划的实施和完成，虽然对基因的识别将导致对其编码的蛋白质产物序列的了解，但还远远不足以全面认识蛋白质的生物功能。事实上，我们对相当多的通过基因序列所认识的蛋白质产物很不了解。一个典型的例子是关于酵母菌的基因组研究。前面已提到，1996年科学家们将啤酒酵母的基因组全部测序完毕，人们通过全序列分析在酵母菌中发现了2964个新基因，但其中约有2300个基因和已知的基因没有明显的同源性，至于这些基因有什么功能人们更是一无所知。即使那些跟已知基因有一定同源性的新基因，对它们承担的功能，科学家们也是不甚了解。大量涌现出的新基因数据迫使科学家们不得不面对这样一个问题：这些基因编码的蛋白质的功能是什么？不仅如此，在细胞内合成蛋白质之后，这些蛋白质往往还要经历翻译后的加工修饰。因为最初翻译出来的蛋白质是没有生物活性的，它叫初生多肽，只有在修饰加工以后，才变成具有生物活性的成熟蛋白质。这样一个复杂过程说明，一个基因对应的不仅是一种蛋白质，而可能是几种甚至数十种蛋白质。那么，包容了成千上万种蛋白质的细胞是如何活动的呢？或者说这些蛋白质在细胞内是怎样工作，如何相互作用、相互协调的呢？这些问题只靠基因组织研究是不能回答的。也就是说，蛋白质本

身有其独特的活动规律，正是在这种背景下，蛋白质组学应运而生。

"蛋白质组"这一名词是英国科学家威尔金斯1994年最先提出来的。它是指一个生物体的全部蛋白质组成，具体来说可以指一个细胞或一个组织的基因组所表达的全部蛋白质。"蛋白质组学"则是专门研究细胞内总体蛋白质（蛋白质组）的表达和运转等一切功能活动规律的新学科。蛋白质组学是从蛋白质整体水平上，在一个更深入、更贴近生命本质的层次上去探索生命活动的规律，以及重要的生理和病理现象的本质等。

蛋白质组具有多样性和可变性。蛋白质的种类和数量在同一个生物体的不同细胞中各不相同，在同一种细胞的不同时期或不同条件下，其蛋白质组也在不断的变化之中。此外，在病理或治疗过程中，细胞中的蛋白质的组成及其变化，与正常生理过程也不相同。随着人类基因组计划的开展和基因组学与蛋白质组学的诞生，生命科学迎来了又一次飞跃，使我们有可能从生物大分子整体活动的角度去认识生命，不再是只以个别基因或个别蛋白质为研究对象，因而能够在分子水平上以动态的、整体的角度对生命现象的本质及其活动规律和重大疾病的发生机理进行研究。

蛋白质组的研究包括对蛋白质的表达模式和蛋白质的功能模式的研究两个方面。蛋白质的表达模式主要是分离并鉴定出正常生理条件下的蛋白质组中的全部蛋白质，建立相应的蛋白质组图谱和数据库，这是进行大规模蛋白质组分析研究的基础。分离并得到了蛋白质组的全部蛋白质以后，接下来是比较分析在变化了的条件下（如病理条件下）蛋白质组所发生的变化，比如蛋白质表达量的变化、翻译后的加工等。或者在可能的情况下分析蛋白质在细胞核或细胞器中定位的改变等，从而发现并鉴定出具有特定功能的蛋白质，或与疾病有关的蛋白质。而对蛋白质组功能模式的揭示则是蛋白质组研究的重要目标。基因组也好，蛋白质组也好，最终目标就是要揭示所有基因或蛋白质的功能及其作用模式。细胞或组织中的蛋白质不是杂乱无章的混合物，而是严格有序的、相互作用、相互协调的统一体，它是维持细胞正常生命活动的基础。揭示蛋白质组中蛋白质相互作用的连锁关系，是蛋白质组功能模式研究的重要内容。

随着蛋白质组学的不断深入研究，科学家们必将在揭示生长、发育和代谢调控等生命活动规律方面有重大突破，而且对探讨主要疾病的发病机理、疾病的诊断和防治以及新药的开发等，也将提供重要的理论依据。

**中国的后基因组时代**

目前，人类基因组遗传密码基本破译以后，生命科学和技术将进入后基因组计划的时代。在这种科技发展的形势下，我国人类基因组研究该走向何处呢？对此，中国科学院副院长、国家人类基因组南方研究中心主任陈竺院士认为，在1％的

科学家们面临着许多的挑战

人类基因组测序"工作框架图"阶段任务完成之后，我们要向第二阶段"完成序列图"继续前进。同时，我们应在细菌、寄生虫、植物、动物等诸多模式生物基因组测序中，注意选择那些既能促进我国生物技术和制药工业发展，又能为国际人类基因组科学做出贡献的目标。他指出，中国人类遗传资源极为丰富，因此，功能基因组学和医学（或疾病）基因组学应成为今后我国基因组科学发展最重要的任务。

在5~10年内，我国基因组研究的规划大致是：

第一，在人类结构基因学研究方面，拟在1%框架测序的基础上，争取用2年时间，最终完成人类3号染色体短臂的DNA序列图。

第二，单核苷酸多态性是人类基因组DNA序列变异的主要形式，是决定人类疾病（尤其是多基因疾病）易感性和药物反应差异的核心信息。而且单核苷酸多态性的频率，不同民族、不同人群有明显的差异。我国人群与西方人群有明显的差异。建立中华民族单核苷酸多态性的系统目录，将为我国的医药发展创造前提条件。为此，应力争早日建成我国生物医药学科和产业使用的数据库。

第三，在今后3年内，完成日本血吸虫的全部拷贝DNA克隆、基因组作图和测序工作草图。这不仅为防治重大传染性疾病提供依据，同时，为开展更大的哺乳动物基因组全序列测定和功能研究奠定基础。

第四，加大国家投入经费力度，迅速建成我国的转基因和基因剔除动物技术平台。为药物筛选和基因治疗提供实验动物模型，并形成相应的产业群。

第五，发展具有治疗作用的基因工程产品和药物筛选与设计体系。另外，争取在3~5年内使我国解析蛋白质高级结构的能力达到每年200~300个。

第六，建成我国微生物、动植物和人类遗传资源（包括核酸、细胞、组织）样品库，实行集中统一管理，并通过适当方式向国外开放，开展国际合作，获得我国应有的知识产权和经济效益。

21世纪是生物学的世纪，生物资源已成为一个国家持续发展的战略资源。如今，国外基因研究机构和基因开发公司纷纷抢滩中国，原因是盯上了中国丰富的生物基因资源。我国只有在今天取得的成绩的基础上，再接再厉，勇攀高峰，才有可能占领未来科学技术的制高点，在世界最前沿科技领域占有一席之地。

# 七、解密生命后的喜与忧

2003年恰逢DNA双螺旋结构模型发表50周年，人类基因组计划将在这一年完成，这真是一个有重大意义的巧合。从分子生物学诞生到最复杂、最高等的生物——人的全部遗传信息的解读，短短50年的时间，生物学取得了这样惊人的发展，真是人类的一件大喜事。在21世纪刚开始的时候，人的全基因组30亿个碱基对的序列被测定了出来，5万~10万个基因将在染色体上被精确定位。这些研究的重大进展，将对21世纪医学、农业、工业等产业的发展以及人类政治、经济、社会的发展产生难以估量的影响。

但是，任何新科技的诞生都是一把双刃剑。原子能的发现与开发是科学进步的产物，可以为人类造福，但是原子弹的发明，却使人们生活在核恐怖之中，谁也忘不了日本广岛和长崎的悲惨遭遇。人类基因组计划的研究与应用同样会引起人们的恐怖与担忧。因为它在给人类带来巨大利益的同时，也会像"潘多拉盒子"那样，在人类生态环境、社会、精神和肉体等方面蕴含着许多"祸患"，正所谓"福兮祸所倚"。下面，我们先看一下科学家们预测的美好未来，然后再介绍基因技术可能给人类带来的安全、伦理、环境等诸多方面的隐患。

## ● 基因经济崭露头角

当今科学技术的发展真是让人目不暇接。信息技术，尤其是网络技术在社会生活中的渗透，使人们预感到传统的社会交往方式将发生重大变革。现在通过电脑网络可以购物，发送邮件，观看新闻，攻读大学，查询信息……真可谓"足不出户，便知天下事"。从未来的产业看，信息产业仍然是最大的产业，这是无可争议的。但从对人本身和与此相关的医疗、保险、农业等方面的影响来看，更重要的是生物技术。在21世纪，对人类生活和人类本身影响最大的莫过于信息技术和生物技术。所以专家说，21世纪是网络与基因的世纪。

可是，许多学者认为，几十年后，随着信息经济时代的结束，人类社会将走向生物经济时代。DNA分子双螺旋结构的发现标志着生物经济已经开始，到21世纪中期，由于以基因工程为核心的生物技术的发展，它将渗透到人类生活的每一个角落。虽然目前还难以想象将来人类的生活会变成什么样子，但是人们已经从"基因经济"来展望未来了。在当今最受益于网络科技热，并通过研制电脑软件而成为全球首富的比尔·盖茨，就说过一句近来在全世界广泛流传的话。他预言：21世纪的世界首富将出自基因领域。比尔·盖茨的这句话，不论是脱口而出的戏言，还是真的有感而发，他的这个说法无疑对人们

发展经济有很大启发和诱惑力。

由于基因展现了巨大的商业前景，现在全球各地出现了研究基因的热潮。例如，人的肥胖基因转让费高达2000万美元，但实际上卖了1.04亿美元。用以治疗贫血和其他疾病的红细胞生成素在全球每年的市场需求量很大，美国有两个公司2000年一年就销售了30多亿美元。我国刚刚研究出的转基因猪皮可用于治疗烧伤，仅一张猪皮就价值2万元人民币。如果全国每年烧伤病人的一半需要皮肤移植，那么转基因猪皮每年将创产值10亿至18亿元人民币。今后，谁获得了基因专利，谁就获得了垄断该基因产业的王牌。自从人类基因图谱描绘完成之后，基因专利权的争夺战，将是又一个旷古未有的"圈地运动"，谁获得某个基因的专利权，谁就占据了该基因的"领地"。基因专利已成为新圈地运动中最有效的武器。因此，基因热已成为新一轮"郁金香热"的趋势，基因经济有可能成为21世纪的主角。

但是，由于生物技术产业化的应用不仅是一个高投入、高风险的巨大工程，而且往往涉及人类本身的生存安危，世界各国对于生物技术研究成果的应用推广大都采取极为慎重的态度，不可能出现像网络软件产品一样被大量快速复制的情况。从第一个基因重组类药人工胰岛素于1982年上市以来，至1991年10年间仅批准该类药品用于21种病的治疗，而近3年新批准治疗的病种也才13个。生物技术产业由风险产业变为商业性产业将是一个漫长的过程，是不容易像网络科技那样急功近利的。但从发展趋势来看，生物技术产业具有前所未有的实用价值。作为一项高技术，它已深入到工业、农业、化工、医药、食品、能源等行业，生物网络技术产业，有望成为21世纪新经济的增长点。

● 基因时代的医学

　　基因组学与医学结合将使人类医学进入"分子医学"时代。以基因序列为基础的疾病诊断技术和基因治疗技术将是21世纪临床医学的核心技术。基因组计划的完成可以使我们系统地找到所有人类遗传疾病的基因，对遗传病的产前诊断会使千万个有遗传病史的家庭避免家庭悲剧的出现，人口遗传素质将明显改善。利用基因疗法可以使有遗传疾患的孩子生理缺陷得到纠正，过上正常人的生活。如果把正常基因转移到受精卵里有可能使后代的遗传缺陷得到根本纠正，整个家族从此杜绝遗传病的发生，这就是所谓的"生殖细胞基因疗法"。在基因组学研究中发展的各种技术（例如DNA芯片等）可以在各种流行病的诊断中发挥强大的作用，肝炎、艾滋病等严重威胁人类健康的疾病可以得到及时的诊断和治疗。通过分析病菌基因组的变化规律可以设计并且制作效果良好的疫苗用于预防艾滋病、疯牛病、炭疽病等各种传染病。

　　许多疾病的发生与遗传体质有很大关系，某些基因的变化会使个体易于发生这些病害。肥胖症、心脏病、糖尿病以及许多癌症的发生都与基因有关系，通过分析基因结构变化与疾病发生的关系，可使临床医学真正进入"预防为主"的时代。例如，如果发现病人具有易发生心脏病的基因，可以从儿童时

期开始，建议病人采取正确的饮食和起居方式，避免发生疾病的因素，就可以使病人减少发病的危险。通过检测多个与癌症发生相关作用的基因的序列变化，可以系统地对多种癌症进行早期诊断和危险性预测，多基因检测技术还可以用来帮助医生判断癌症的治疗效果。据报道，美国学者已经建立了一种用血液通过简单的基因检查，来预测易患哪种疾病的方法，预计近几年内就可以正式投放市场。这样，通过一次检查就可以明确每个人预测保健的"重点目标"，然后从饮食、运动、生活方式等各方面进行"裁缝式的预防"。也就是说可以通过基因检查，告诉某个人带有某种致病基因，他应该如何生活，如何保养，从而有效地改变"命运"，避免发病。目前该项技术对高血压等疾病发病危险性预测的准确率已达90％以上。今后，每个人将有自己详细的"健康档案"，证明一项化验指标是否正常，主要是与他本人健康时的水平相比，而不单是和一个千万人的共同标准去比。"裁缝式预防医学"正是医生们梦寐以求的幻想，一旦广泛应用，将成为人类医学中划时代的创举。

● 未来的"基因农业"

农业将随着基因技术的应用，向着优质高产、无污染、无病虫害、高效益的绿色生态农业发展。基因工程将层出不穷地培育出动植物新品种，各种小麦、水稻、玉米等作物不仅高产、抗逆性强、能固氮，还含有比大豆、花生更丰富的蛋白质；土豆、甘薯不仅抗病虫害，还含有与肉类相当的蛋白质；

五颜六色的蔬菜不但抗病虫，而且需要什么时候成熟，就能什么时候成熟上市，四季均可供应；高产抗病虫害的粮食和棉花等作物均能在盐碱地和干旱地区生长，使荒地变良田。将来的烟草不再含尼古丁，制成的香烟无毒害，而且烟草还可成为蛋白质的重要来源；今后的新甜料（甘蔗、甜菊等）含热量低，将为不宜食糖的人带来甜蜜。大田里将大量种植生产石油、酒精、塑料和医用药物的作物，成为工业能源和原料的基地；工厂里用水果的果肉细胞进行培养，只长果肉，不长果皮，更不需要长根、茎、叶，直接就可以制成鲜美的果酱和果汁饮料。脱毒快速的组织培养技术，将为大地绿化、美化提供大量特优、抗逆性强的花草、果木和树苗。

基因技术、胚胎工程将使家畜、家禽的肉、蛋、奶产量成几倍、几十倍地增长。一头优良种公牛可使10万头母牛怀胎；优质奶牛的产乳量成倍增长，奶牛饲养量可大幅度减少；从一个小小的胚胎可以繁殖出一大群几乎一模一样的高产牛（羊、猪）来；"超级动物"、"微型动物"都可以按人的需要选择饲养；借胎生子，可使数十种濒于绝种的大熊猫、金丝猴等珍稀动物继续繁衍后代。21世纪，基因移植将改变某些动物的受精方式、外形和活动规律，一些性状不同于现有的家畜、家禽、鱼类将陆续问世。基因重组的微生物能在发酵罐里生产出不带壳的鸡卵清蛋白，产量比母鸡要高出许多倍；牛羊等"动物制药厂"能生产人类蛋白、激素、抗体等产品，将成为医治人类疾病的重要药物；在发酵罐里合成的纤维和蚕丝，将成为人们生产时装面料的最新原料。

现在甚至有的人设想，如果把固氮细菌里的遗传基因转移

**人们正在享受着越来越多的科学成果**

到动物和人体肠道微生物（如大肠杆菌）细胞里，让这些肠道微生物也有固氮本领，制造氨基酸，那就可给动物和人提供营养，减少动物和人对蛋白质的需要量。当然，实现这一设想将比植物固氮研究更困难，要走的道路更加漫长。

基因技术与其他高技术结合将开辟农业的新领域。例如，人类根据从太空飞行所获得的有关火星的各种数据，现在已能够用基因工程方法培养出所需要的微生物，可以让它们去"吃掉"火星上的一氧化碳并释放出氧气，使火星能够逐渐变成适合于我们人类生存活动的新天地。目前，科学家们正在实施对火星进行探测的计划，搜集更多的数据，以判定在火星上播种地球生物的可行性，如果这种设想能实现，不超过几代人的不懈奋斗，就有可能实现我们人类谋求到其他星球上开辟生存空间的最大的追求和希望。

### ● 神通广大的DNA指纹

　　提起指纹，我们并不陌生。每一个人在手指上和掌心中都有指纹和掌纹。指纹显示着每个人的特征，世界上没有两个人的指纹完全相同，甚至双胞胎也不例外。所以，指纹作为一个人的特征，使它成为身份的证明，广泛用于代替文件签章，成为了真正的"防伪标志"。据说，我国从唐代开始就以指纹用于鉴别人的标志，以后广泛应用于借据、契约、婚约、休书等文书，以"画押"的形式作为个人的凭证。甚至在审判案件时，也要犯人在口供上按手印。

　　DNA指纹，也叫基因指纹，和手指的指纹一样，它也是一个人的"身份证"。因为除了同卵双胞胎，世界上几乎不存在两个人的DNA完全相同，每个人都有一部自己独一无二的"天书"。因此，DNA指纹图谱，也就是DNA序列图谱可以作为鉴别不同人的科学依据。如今在科技和社会领域里，DNA指纹鉴定可用于亲子鉴定、犯罪认定、疾病检查、遗传病诊断、血液配型以及人类学研究等诸多范围。

　　当然，由于DNA序列比较长，在实际应用中，不可能也没有必要把全部序列都测出来。科学家们运用现代生物技术，创造了好几种可靠而又简便易行的DNA指纹法，如小卫星法、随机扩增多态法、微卫星法和DNA测序法等，人们可针对不同的需要采用不同的方法来实施。

　　在法医鉴定中，指纹鉴定一直是探案破案的一个有力手段，但有些场合犯罪分子可能未留下任何指纹，或有些物品上的指纹难以取样，而且一些犯罪老手往往在作案时小心避免留下指纹，这些都使利用指纹鉴定判案、断案显得无能为力。DNA指纹鉴定则不但能够克服这些困难，而且还具有其他许多优越性。

　　由于人体每一个细胞都携带了这个人的全部遗传信息，只要案发现场留下犯罪嫌疑人的血迹、精斑、毛发和其他人体组织，都可以用DNA指纹法进行分析鉴定，直接认定或否定犯罪嫌疑人。美国有一部电影《逃亡者》，讲的是一个医生被认为谋杀了怀孕妻子的故事。这是一个真实的故事。真正的主人公曾于1954年蒙冤坐牢，10年后才被证明无罪而释放，这起事件轰动了美国。医生的儿子当时只有7岁，那天正在熟睡。长大成人后这个儿子发誓找出真凶。后来，在案发现场取到了一点血样。经过法医用DNA指纹进行鉴定，这点血样不是医生和他的

神通广大的DNA指纹

妻子的，这说明，当时一定还有另一个人在场，而且血样与精子中的DNA相配，这个人很可能是真正的凶手。警察展开了广泛的DNA检查，发现它与在医生家洗窗户的男子的DNA相配，无疑，真正的凶手终于落网了。

法医DNA，不仅能奇迹般地侦破案件，还能帮人解决一些不可想象的难题。

在阿根廷内战期间，许多孩子失去了父母。战争结束后，政府希望把这些孤儿交付他们的亲戚，让他们回到亲人的怀抱里。可是，怎么使这些孩子让没见过面的亲戚们相信孩子是自己的侄儿或外孙呢？政府一筹莫展。这时，一位著名的女科学家提议采取用DNA指纹鉴定。她从每个孩子的血液中提取线粒体DNA，再与可能是他们的亲戚的DNA相比较。用这种方法，这位科学家至少帮助50多个孩子找到了亲人。

1996年8月16日，俄罗斯的一架154客机在挪威境内坠落，机上77位乌克兰人与64位俄罗斯人全部遇难。遇难后的尸体已经支离破碎，混杂在一起，很难辨认是哪个人的尸体。怎么把这些死者的尸体重新组合起来呢？挪威的科学家们采用了DNA指纹鉴定技术。在20天内，他们从257块尸体段片中，鉴定了141位遇难者中139人的DNA，只有两人的DNA分析没有得出理想的结果。通过对亲属子女的DNA比较，他们准确鉴定了43位女性和98位男性，22天后，所有正确组装的尸体被运回俄罗斯与乌克兰。

由于DNA指纹技术有重大的应用价值，人们越来越重视它的作用。英国宣布：将正式启用国家DNA数据库，以提高警方破案率。英国的国家DNA数据库，准备收入500万人的DNA

信息。首先，从记录在案的罪犯和一些嫌疑犯，特别是杀人、强奸和盗窃等三类犯罪分子身上采集其DNA样本。英国警方的目标是逐步在所有案件侦破中引入DNA指纹鉴定技术。他们认为，DNA数据库的启用，将是指纹破案技术发明以来，反犯罪工作领域最激动人心的一项突破。消息一传出，世界上许多国家都相继建立了DNA数据库。

我国DNA鉴定的研究始于1987年，1989年已经应用到实际断案中。目前仅国家公安部物证鉴定中心每年就受理、检验DNA案件500余起，其中大多数属于重大疑难案件。DNA指纹技术为打击犯罪、解决民事纠纷、维护社会治安立下了汗马功劳。

● 转基因生物的"危险信号"

正当转基因产品陆续上市的时候，许多欧洲国家的公民为反对转基因作物产品的进口而示威游行。他们抵制转基因的研究，要求取消用转基因生物产品制造食物。对这个问题，你是怎样想的？转基因生物安全吗？

自20世纪70年代以来，以DNA重组技术为核心的现代生物技术突飞猛进、迅速发展，成为当今最具活力的高技术之一，并在农业、食品、医药、环保和化工等领域中被广泛应用，成为人类解决资源、环境和健康等重大问题和促进社会进步的重要手段，并推动了世界产业结构的重大变化。据估计，全球生物技术市场的销售额2000年已达到1500亿美元。今后10年，仅农业生物技术一项的全球销售额就将超过3000亿美元。生物技术产业将成为21世纪新的经济增长点和主导产业之一，是各国高技术竞争的热点。

但是，从DNA重组技术一开始，重组DNA是否有潜在危险性的问题就引起了争议。1971年，美国麻省理工学院的学者提出了，将猴瘤病毒$SV_{40}$DNA与λ噬菌体DNA重组后导入大肠杆菌细胞的研究设想。消息传出后，立即遭到了许多科学家的反对。他们认为，这种带有病毒DNA的重组DNA分子有可能从实验室逸出，并随着大肠杆菌感染到人类的肠道，其后果将不可预料。因此，该项研究计划被搁置下来了。人们起初的担心还只是限于有关病毒DNA的重组实验，后来又扩大到其他DNA的重组实验。

在DNA重组实验中，转基因动植物的研究进展十分迅速。自从1983年第一株转基因植物问世以来，已有上百种转基因植物在世界各地的实验室中诞生，其中包括水稻、小麦、玉米等粮食作物，油菜、大豆、花生等油料作物，棉花等纤维作物，马铃薯、豌豆、南瓜等蔬菜，以及云杉、杨树等木本树种。这些转基因植物或具有抗虫性，或具有抗病性，或能抗除草剂，或具有人们所需的其他特性。但是，在世界范围内获准大面积种植的转基因植物品种并不多，其主要原因是出于生物安全性的考虑。由于转基因生物中的外源基因可能来自其他动物、植物或微生物，它不同于传统的杂交育种技术得到的生物新品种。人类对转基因生物的释放可能带来的新的基因组合及对环境、生物进化和人类健康等方面究竟有什么影响还知之甚少，因此，各国政府都对利用转基因生物持慎重态

度，并制订了一系列法律、法规，只有经过长期监控证明各方面都安全才能大规模应用推广。那么，转基因生物的安全性到底涉及哪些方面呢？

首先，转基因生物作为食物对人类健康是否会带来危害一直是人们关心的首要问题。新闻媒体曾报道了许多这方面的风险事例。1996年《新英格兰医学杂志》曾报道一例，由于巴西坚果中的贮藏蛋白含有对人和动物有高营养价值的氨基酸——蛋氨酸，科学家们将此蛋白基因插入大豆中，以改良大豆的营养组分。但人们吃了这种改良了品质的转基因大豆以后，有一部分人会发生过敏反应，反应轻的可引起人体心脏无规律的搏动，严重的可导致心脏病发作，直至死亡。后来，美国一家研制该转基因大豆的公司不得不放弃将它投放市场。因此，在转基因食品中是否有过敏原是一个值得注意的安全问题。

另一个例子是1998年《化学与工业》杂志报道的苏格兰研究人员的研究。研究人员用插入外凝集素基因的马铃薯饲喂实验鼠，经110天以后，其免疫细胞仅为正常鼠的一半，实验鼠还表现出轻微的生长迟缓。此外，从1994年6月第一个投入市场的转基因番茄至今只有7年时间，它的长期效应如何？风险有多大？许多问题在目前人们还不太了解，潜在的后果不是短时间内能观察到的。因此，即使目前尚未表现出风险，也应引起人们足够的重视。

其次，转入病毒蛋白基因的植物大面积种植以后，是否还会产生新病毒或新的疾病，是人们非常关注的又一个安全问题。据1994年《科学》杂志报道，科学家们把花椰菜的花叶病毒外壳蛋白的基因插入豇豆。但当把缺乏外壳蛋白的病毒再接种到转基因豇豆上时，发现125株豇豆中有4株又染上了花叶病。因此，科学家们认为插入转基因作物的病毒基因可能与再接种的遗传物质形成了新的病毒。另有实验显示，改变某些动物病原体的基因可使其毒性增强，或使其对农药或抗菌素的抵抗力增强；基因的改变还可使原来与动植物共生的微生物具有致病能力。从以上来看，由于我们目前对绝大数微生物了解不够，特别是自然界中不同种、属的微生物之间又存在着比较频繁的基因转移，因此，人为转入的基因可能在微生物之间大范围传播，将来给人类带来什么影响实难评估。

第三，转基因生物对环境有什么影响，是人们关注的另一个重要问题。美国科学家研究发现，一种带有Bt基因的抗虫玉米产生的花粉会杀死黑脉金斑蝶。他们发现在马利筋（一种植物）叶子上撒上转基因玉米花粉以后，黑脉金斑蝶就吃得少，长得慢，死得快。在1999年5月20日出版的一期《自然》周刊上发表的这项研究报告中说，4天以后，这些蝴蝶的死亡率达到44%，而没有吃这种花粉的蝴蝶则无一死亡。虽然黑脉金斑蝶不是濒危物种，但环境保护者担心，如果转基因玉米能杀死这种蝴蝶，它也可能杀死其他昆虫，以致破坏生态平衡。但也有的学者认为，尽管需要进一步研究这种作物对其他昆虫造成的危害，可是这种玉米对人类和其他哺乳动物没有危害。究竟这种玉米潜在的危害有多大，还需要科学家们进一步的研究。

近年来，转基因节肢动物研究和释放申请越来越多，特别是昆虫，如蚊子、地中海果蝇、蜜蜂和棉铃虫等。1996年2月，美国农业部批准了第一个转基因节肢动物——螨的大田释放，

释放这种转基因螨可以捕食草莓和花卉的害虫——蜘蛛螨。还有德国科学家从老鼠体内分离到一种抗体基因，它表达的产物能附着在疟原虫体上，阻止疟原虫进入蚊子的消化道。研究者利用这种抗体基因转入蚊子体内，培养出"反疟疾蚊子"。这些转基因昆虫虽然有一定益处，但是，由于节肢动物数量大、繁殖快，不少种类个体小、移动距离长，并且在自然界生命活动如传粉和食物链中起着重要的生态作用，因此一些科学家认为，转基因节肢动物存在巨大的潜在环境风险，一旦被确认有风险存在，将不可能再从环境中回收。

此外，有的学者还认为，转基因作物本身有可能变为杂草。像水稻、马铃薯、油菜等本身有很近的杂草性近缘种，不少性状与其杂草化的祖先是共同的，因此，某些遗传上的改变就可能使作物成为杂草。例如，高度抗盐的转基因水稻品种就可能侵入到港湾中大量繁殖而成为杂草。

从以上看出，转基因生物的安全性涉及范围很广，包括致病性等对人类健康的有害影响，植物基因的稳定性，基因的扩散，对生物种间关系、食物链、生态系统以及生物进化速度的影响等。由此，针对转基因生物的安全性，我们只有加强风险评估的研究、立法及教育与培训多方面的工作，才能防患于未然，使转基因技术真正造福于人类。

## ● 基因歧视的泛滥

　　谈到基因歧视，我们首先要了解什么是基因歧视。让我们先讲述一个真实的故事。

　　一天，芬兰一位名叫特勒·沙尔基夫的大学毕业生去一家公司求职，公司对他的情况非常满意，让他马上到公司上班，试用期三个月。在三个月中沙尔基夫拼命努力工作，赢得了同事和上司的普遍赞扬，就在他准备与公司签约长期工作下去时，公司突然变卦了。公司人事部门的经理惋惜地对他说："你的一切都令人满意，但由于公司突然遇到了一些危机，要大规模裁员，对于你也只能忍痛放弃了。"沙尔基夫知道这是托词，但他对公司不要他的原因百思不得其解。后来他终于知道了，原来公司了解了他的一些亲属的疾病和健康情况。他的一位表兄患了遗传性非息肉性结直肠癌症，公司认为他可能有遗传疾病的致病基因，担心日后他患病不仅不能为公司创造财富，而且还将为他支付昂贵的医药费，给公司带来负担。年轻气盛的沙尔基夫将该公司告上法庭，但结果并不理想。法院认为沙尔基夫的控告没有充分的事实根据，不能证明该公司是在搞歧视。尽管沙尔基夫诉讼失败，但他的案件引起了芬兰全国性的广泛关注，芬兰人也由此知道了有许多人带有遗传性非息肉性结直肠癌致病基因。出于对自身隐私的关注和对自己前途的关心，许多人纷纷反对芬兰全国进行该病基因的普查，更反对公布和泄露每一位公民的基因信息。这样，在芬兰防治该病的基因普查也就无法进行了。

随着人类基因组的研究，基因技术的发展使得大规模的基因测试成为可能，将来每个人都能获得自己生老病死等的遗传信息。这样，很多人担心保险公司、雇主、学校、收养机构等部门是否会由于基因的不同而产生歧视呢？如保险公司知道了一个人40岁时要患某种疾病，公司就会拒绝此人投保或冷眼看待；在招聘员工时，使用基因信息，在员工将要患病时会得到单位的解聘，如此推论，令人不寒而栗。

实际上，这种担心早已发生过。

在美国，有一个38岁的男人想买一份人寿保险,却被保险公司拒绝，原因是他患有苯丙酮尿症。类似的事还有，一个家庭因其5个孩子之一患有血色素沉着病，整个家庭的投保资格都被取消。

不但保险领域存在着基因歧视，对希望收养孩子的夫妇也有基因歧视。曾有一对中年夫妇向有关部门递交了收养孩子的请求，由于丈夫患有黏多糖积症而被拒绝。还有雇主应用基因筛查测试来筛选雇员。1982年，据美国联邦技术评估办公室的一项调查表明，几乎有一半公司施行筛查测试来解雇有遗传疾病或某种"高危"的工人。有专家说，不久的将来，很可能会出现一支遗传性失业大军。

在神圣的学校和教育科研机构，基因歧视也屡见不鲜。在美国不少学校里，学生因遗传基因的优劣而被划分为不同的等级。这是不对的，其实，学生学习的好坏，不完全取决于基因基础，而主要决定于后天的环境因素，如父母教育、家庭环境、学校教育以及社会和经济的影响等背景。

基因歧视如此普遍，使基因成了衡量一切的简单标准，成了一种霸权。这种论调与旧社会散布的人的一生"命运注定"没什么两样。有人主张"什么都是由基因决定的"，这似乎又回到了"文革"时期可怕的"血统论"和"唯成分论"。

其实，人无完人。从某种程度上来说，基因有好坏之分。当某种基因对其携带者的生命和健康带来一定的危害和痛苦时，我们可以说这个基因是"坏"的。然而是否能说有坏基因的人一定是低等的人呢？

很显然，把坏基因携带者看成低等的人是极端错误的。就拿爱因斯坦来说吧！爱因斯坦有某种语言表达障碍，在常人看来，他也算是个坏基因携带者。他的表达速度往往跟不上大脑的思考速度，因为他的思维是"画面式的思维"，一个画面接一个画面地前进，而不是常人的"线性思维"。然而，据科学家们分析，正是这点使爱因斯坦表现出了超越常人的天赋，使他成为有史以来最伟大的科学家。另外，像研究天体起源的天才理论物理学家斯蒂芬·霍金是个特等残疾人，从形体上说几乎是全身残疾的人。他患有严重的肌肉萎缩症，除了两三个手指可轻微移动外，全身上下不能行动半分半毫。而且他也有说话功能障碍，只能含糊地发出微弱的声音，语不成句。但这样并不影响他成为继爱因斯坦之后当代最伟大的科学家。设想如果他的父母在他出生前就知道了这种可怕的基因而采取堕胎，人类便会少了一位天才。

面对以上两位伟大的科学家，谁敢说他们低人一等呢？谁敢歧视他们呢？"王侯将相宁有种乎？"2000多年前我们的祖先尚敢质疑这个遗传决定论，难道我们今天还对此执迷不悟吗？

● 基因武器的威胁

　　自2001年9月11日美国遭受恐怖分子袭击以后，炭疽热又频袭美国，致使美、欧等地出现了"白色恐怖"。美国的许多重要部门和一些领导人相继收到了装有白色粉末状物质的信件。经过检验这些粉末里带有炭疽杆菌，它是致人死亡的一种传染病菌，于是引起了人们的异常恐慌。这种"看不见的杀手"为什么特别厉害？因为这种病菌存在于动物的血液循环系统里，动物死亡后，它能形成芽孢，而芽孢在土壤中可存活数十年。炭疽热细菌能导致动物发病，尤其是食草动物，但很少在人身上出现。不过，当人感染了炭疽热细菌后，有20％的人最终会死亡。现在，恐怖分子为了达到其罪恶目的，利用各种各样的致命微生物，像毒性很大、传染性很强的天花、鼠疫、炭疽来为他们服务。这些微生物只要使用一次就可以使许多人死亡。恐怖分子使用这些可怕的微生物作为武器，实际上就是人们常说的生物武器。生物武器对人类的生存威胁极大。

　　那么，什么又是基

瞧瞧！我的白色粉末搅得世界不得安宁！

科学往往是一把双刃剑

因武器呢？基因武器实际上是生物武器中的新成员，它是运用基因工程技术，采用类似工程设计的办法，根据作战的需要，在一些致病细菌或病毒中导入能对抗普通疫苗或药物的基因，产生具有显著抗药性的致病病菌；或在一些本来不会致病的微生物体内导入致病的基因，制造出新的致病微生物。由这种基因重组的微生物制成的生物武器就是"基因武器"。

与其他现代化武器相比，基因武器拥有许多无可比拟的优势。首先是成本低，便于大规模研制，杀伤力极强。据估算，用5000万美元建造的基因武器库，其杀伤力将远远超过用50亿美元建造的核武器库。英国的一位教授在《生物技术武器与人类》一书中指出，只要几个罐子把100千克炭疽芽孢散落在一个大城市，300万居民就会感染毙命。

据悉，美国曾将一种病毒DNA分离出来，再与另一种病毒的DNA结合，拼接成一种剧毒的"热毒素"基因毒剂。只要20克这种毒剂，就可使全球60亿人口死于一旦，威力比核弹不知大多少倍。

其次，基因武器使用非常方便，可以用人工、普通火炮、军舰、气球或导弹释放，投在敌方前线、后方、江河湖泊、城市和交通要道，使疫病传播开来。如将一种超级出血热菌的"基因武器"投入对方河流里，就会顺流而下，使整个流域的人丧失生活能力而死亡。此外，基因武器难以防治，具有抗药性，有的只在所攻击的人群中有传染性，即使被发觉也很难破译其遗传密码并进行有效治疗。因为这些基因武器往往是根据某一民族基因组的特殊性而专门设计的，所以这种基因武器只对某个民族或人群有杀伤作用，因而难以治愈。这种基因武器又称为"人种炸弹",是专门对付某一民族的,这种炸弹的使用将是人类的一大梦魇。另外,基因武器将改变战争模式,其强大杀伤力对敌方有强烈的心理威胁作用。交战时,在敌方防不胜防的情况下突然使用基因武器,既能给敌方造成大量的伤亡,也能摧毁敌人的心理防线,使之惊慌失措,士气大跌,丧失战斗力。

鉴于生物武器对人类可能产生的巨大危害,全世界都反对研制生物武器,早在1972年,世界144个国家和地区就缔结了《禁止生物武器公约》。可是,最近几年,随着高技术不断在军事领域的应用以及人类基因组计划和克隆技术研究的迅猛发展,一些国家又在生物武器的基础上,发展了杀伤力更强的基因武器。人类基因图谱的绘制成功更是为基因武器的制造提供了可能性,美、俄、英、德和以色列等国纷纷加大投资研究发展基因武器的可行性。

目前,世界上许多国家为防止基因武器的侵害,都在抓紧研究对策,开始对生物制剂防护措施进行研究,并研制出多种预防生物武器袭击的疫苗。许多专家认为,铸造维护本国和本民族生存安全的基因盾牌,才能有效地防患于未然。为此,在人类基因组研究的基础上,要认真研究本民族的基因密码,及早查明其中的特异性和易感性基因,有针对性地采用生物制药技术研制有效的生物药剂和疫苗,以提高民族的基因抵抗能力。要积极应用高技术研究新型探测和防护器材,做到有效识别和防护。还要针对未来敌人可能实施的基因作战法、途径和手段进行专门研究,及早制订行动方案。只有这样,才能在未来可能面临的基因威慑和反威慑的斗争中立于不败之地。

## ● 基因对伦理道德的挑战

我们支持人类基因组计划的开展，因为它会促使明天的医学更神奇；我们渴望人类基因组计划的完成，因为它能带给人类美好的未来。它就像一把利剑，使人类清除生命探索道路上的荆棘，让医生斩断带给病人痛苦的枷锁。

但是，与其他重大的科学研究成果一样，人类基因组计划的研究成果在给人类带来美好憧憬的同时，也存在被误用和滥用的危险。任何事情都是有利也有弊。

在人类生命的密码被破译以后，人类更加细致入微地领略了自身的复杂和美丽，并因为对基因的深入认识而找到了保护自己的更加有效的方法。在这种形势下，有些人异想天开，想利用基因技术把人类变成自己的"上帝"。他们利用基因技术不但制造单个的人体器官，而且还想避免一切遗传缺陷，甚至设计出"完美的人"。他们可以按照最完美的标准设计婴儿的体重、身高、肤色、头发、智慧，并排除孩子患癌症、心脏病等各种疾病的因素，从而培养出一个"完人"，就像科幻电影《X-人》所描写的那样。

在电影《X-人》中，人类变异速度加快，并由此产生了一种变异的"超人"。这种"超人"能呼风唤雨，有心灵感应，能变换体形，不仅如此，他还可以利用基因技术，设计出会飞的新人类，就像电影《超人》中的"超人"一样。

**我们需要无所不能的"超人"吗**

在这里我们不妨想一想，如果今后全世界都来组装十全十美的婴儿，必然产生以下结果：市场上出现有设计品牌的婴儿，可供父母采购；不然就是一整代的孩子都长成一个样子，因为按俊男美女的典型标准组装人，其长相、聪明才智、脾气性格、能力大小应该是一样的。这样世界上的人就分不清你、我、他了。什么辈分、长幼、朋友等伦理关系就无从谈起了。由此会引发出许多不可预料的社会后果，使得家庭关系、亲子关系增添了不稳定性；许多儿女也成了商品；孩子出生后的社会地位，他们自己的心理状态和行为等都会遇到麻烦。至于有的人还想让"鸟儿的翅膀插在人身上"成为新人类；甚至有一家国外组织声称要用人和猿的基因制造出"智能人猿"，用作科技时代的奴隶。这些人真是心怀鬼胎，要扮演"上帝"造人的角色，想用基因造出"生物魔怪"。难道这不是毁灭人类吗！

那么，基因技术应用到人身上应遵循什么规则呢？科学家们认为，基因技术的应用必须尊重人的尊严、人的生命、人的遗传完整性。很多国家都围绕着这些原则制定了相关的法律。

在人类生死问题上，有人预测在人类基因组破译以后，人的寿命可能不久就会大大延长，甚至可以活到1200岁。这种预言也是缺乏科学根据的。"长生不老"是人类千百年来的梦想。基因组的破译，无疑将使人们的寿命比现在更长。但长生不老是不可能的，不符合事物发展的必然规律，即使把所有长寿的基因组装到受精卵里，也只能是具有一种内在的可能性，而人们的生命活动，不可能处于不变化的真空环境里，由受精卵发育生长至成人的亿万细胞过程中，生命无时无刻不受到污染的空气、水源、食物和辐射等不良环境的袭击，这就有可能会引起基因突变，而导致"生命老化"。癌基因P53在人体每个细胞都存在，正常情况下，起促进细胞分化、生长和诱导细胞凋亡的良好调节作用，若在不良因素的作用下发生突变或失活，就会丧失以上功能，从而导致细胞周期紊乱及癌变，严重威胁生命。

人体的10万个基因时刻都会受到环境的"摧残"，从而直接影响到寿命。寿命作为遗传性状，是受环境与基因相互作用制约的。如果人们真能活到1000多岁，地球势必人满为患，它将使世代之间产生对立，甚至出现青年人和老一辈甚至几辈人争工作、争生活、争资源的现象。另一方面，延长寿命的重大科学成果出现以后，随之而来的问题也是严重的。由于生物圈不得不接纳无限积累起来的人口，有限的地球表面将难以承受，必将导致现有的地球资源日渐枯竭，生活空间不断缩小，

对人类的生存就会产生极大的威胁，所以有些科学家对此提出了警告。相信有良知的科学家是不会做"蠢"事的，人类遵守自身的规律适时更新，将更有利于人类与社会的发展。

我们研究基因的目的是利用基因造福于人类。然而有的人却想利用基因骗人，他们设想利用基因疗法"改造"运动员。长跑运动员需要更好的耐力，那么，增加一个可以帮助血液向剧烈运动的组织输送更多氧气的基因就可以了；举重运动员想拥有更结实的肌肉，那就注射可以促使肌肉生长的基因吧。如果这种基因技术真的实现的话，那么它将改变几乎所有体育运动的现状。将来在奥运会上，大批运动员不断刷新各项纪录，而且运动成绩提高的幅度都使人难以置信，大多数世界冠军已经改造了自己的基因以帮助他们在各自的运动项目中胜出。举重运动员的胳膊和赛跑运动员的大腿前所未有地鼓胀起来，而长跑运动员则拥有无与伦比的耐力，这些都是至关重要的基因"升级"的结果。其实，奥运会上获得这些好成绩并不标志着体育运动的进步，相反很可能是体育运动终结的恶梦。因为获得这一切的代价又是什么呢？知道如何提高运动成绩是一回事，知道如何安全地提高运动成绩则完全是另一回事。如果运动员真的去寻求基因疗法的帮助，那么，这些通过基因工程手段得到"强化"的冠军们就要冒为他们胜利付出罹患心脏病、中风和早亡等代价的风险。

当然，基因对体育运动来说是非常重要的。例如，在1964年冬季奥运会上，芬兰运动员埃罗·门蒂兰塔在越野滑雪比赛中夺得两块金牌。尽管他接受的训练与其队友没什么两样，但他却拥有一个明显的优势，他出生时体内就已经存在着一种可以使其血液中的红细胞数比正常人多25%~50%的基因突变。因为这些红细胞可以将氧气从肺部运送到身体各处的组织中去，所以他的肌肉可以获得更多的有氧运动所需要的氧气，因此他滑雪的速度更快，耐力也更持久。经分析，红细胞数量的增加与红细胞生成素有关。门蒂兰塔的红细胞多是由于阻碍产生的红细胞生成素的受体基因发生突变的结果，这是一种极为罕见的基因突变。但是只要向血液中注射更多的红细胞生长素，任何人都可以增加体内红细胞的数量。1989年生物技术企业美国安进公司开始经销一种名为EPO的药物，这是一种注射剂形式的红细胞生长素，它被用于治疗严重的贫血症。尽管体育比赛项目都严禁使用此类兴奋剂，但有些利欲熏心的运动员还是偷着使用这种药物。运动员利用兴奋剂争夺冠军是一种不道德的行为。

魔高一尺，道高一丈。现在针对高科技对体育运动的负面影响，科学家们正在研究各种对策，以防止采取"基因骗术"蒙混过关，彻底弘扬公平竞争的奥林匹克精神。

由以上讨论我们可以看出，一种新技术的出现必然带来一些负面影响。人们对人类基因组计划的实施和基因工程技术的广泛应用可能带来的一系列后果，感到恐怖与不安并不是杞人忧天，而是必然的。但是，我们应该正确地认识科学与技术的发展过程，既不应像西方有些"反科学主义"者那样，把科学的进步看成是对人类生存和发展的危险；又要审时度势，正确地估计形势，采取适当措施，扬长避短，以促进科学与技术的不断发展。我们还记得，原子弹的发明、器官移植、试管婴儿等就曾一次次引起人们的恐怖和担忧。然而事情的发展，并没

有像当初想象的那么可怕，相信基因技术的开发与利用也是如此。至于一项新技术诞生以后，总会伴随着伦理之争，这是人类自觉规范自己的明智之举，也是防范少数利令智昏和不负责的科学家乱来而注射的预防针。我们必须提倡科学家要"约束自我，尊重人类"，要有"高度社会责任感"，同时，更期望加紧建立相应的法律，以保证科学与技术的健康发展。